U0600419

乙术卷

ANGYISHUYANJIU

国家出版基金项目
NATIONAL PUBLICATION FOUNDATION

（第一辑）

民间建筑艺术

左力光 李安宁◎编著

新疆美术摄影出版社

图书在版编目(CIP)数据

民间建筑艺术 / 左力光, 李安宁编著. -- 乌鲁木齐: 新疆美术摄影出版社, 2013.11
(新疆艺术研究. 第1辑. 建筑艺术卷)
ISBN 978-7-5469-4674-0

Ⅰ. ①民… Ⅱ. ①左… ②李… Ⅲ. ①少数民族 - 建筑艺术 - 研究 - 新疆 Ⅳ. ①TU-092.8

中国版本图书馆 CIP 数据核字(2013)第 269639 号

编委会主任:于文胜　库里达·胡万
编委会副主任:王英强　孙　敏
编辑部主任:王　族　吴晓霞　王　琴
责 任 编 辑:王　琴
书 籍 设 计:文　昊　党　红

新疆艺术研究(第一辑)·建筑艺术卷

本册书名	民间建筑艺术
编　　著	左力光 李安宁
出版发行	新疆美术摄影出版社
	(乌鲁木齐市经济技术开发区科技园路5号)
总 经 销	新华书店
印　　刷	北京新华印刷有限公司
开　　本	787 毫米×1 092 毫米　1/16
印　　张	11.75
字　　数	50 千字
版　　次	2013 年 11 月第 1 版
印　　次	2016 年 6 月第 2 次印刷
印　　数	1001-2000
书　　号	ISBN 978-7-5469-4674-0
定　　价	139.80 元

民间
建筑
艺术

目 录

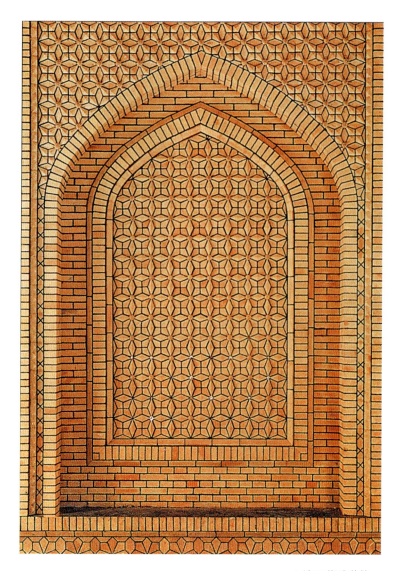

◆ 墙面花砖装饰

佛教寺院建筑而来。也就是说,伊斯兰教兴起后,其清真寺的大礼拜厅,即用这种建筑方式。如今,不管佛教建筑或者伊斯兰教建筑,皆用此法。

南疆的建筑,一般不设开窗,即使开窗,也很小,仅作采光之用。屋内墙壁一般以壁毯装饰。一个家庭的财富,体现在地毯的多少。新建造的民居,第一年即可居住。木构件上虽有各种木雕图案,但不上油漆,不做彩绘,一年后方可做彩绘和上漆装饰,习俗中有第一年彩绘有不祥事件发生的忌讳。

4.伊犁、塔城地区: 北疆地区雨量较多,气候较为温润,这里的雨水多在秋季,冬季的降雪量也相当可观。所以建筑多为砖体结构,至少墙体下半部分砌以青砖。房顶虽为草泥防漏,但土质较好,而且每年都须挂一次草泥。传统建筑多为一层,为了保暖,墙体特别厚,一般在40~50厘米,有的可达60~80厘米。后来从俄国传来的建筑形制,以铁皮构成"人"字形屋顶,并开有天窗,门前有廊篷,房基很高,所以门前设有台阶,建筑风格为之一变。这里因为冬季寒冷,房内铺以木地板,设有铁质壁炉专作取暖用,壁炉上绘有装饰图案。

伊斯兰教传入后的宗教建筑

新疆的伊斯兰教建筑中,所有的装饰都充满了丰富的图案和少部分的风景画。具有突出特点的多在南疆的喀什地区、克孜勒苏柯尔克孜自治州、和田地区、阿克苏地区和北疆的乌鲁木齐市、伊犁、塔城以及东疆的哈密、吐鲁番等地区。

1.清真寺建筑: 新疆信仰伊斯兰教的民族主要有:维吾尔族、哈萨克族、回族、柯尔克孜族、塔吉克族、乌孜别克族、塔塔尔族等。不同地区的清真寺建筑各具特色,各民族的清真寺也各具风采。清真寺是伊斯兰教传入后最有代表性的宗教建筑的象征,明显带有阿拉伯宗教建筑的风格,也受着中国传统建筑与装饰的影响。

清真寺建筑的主要部分有龛形大门,大门两侧的宣礼塔以及主礼拜殿组成。宣礼塔,是清真寺的标志性建筑,有些宣礼塔随着地域和民众的爱好而改变。宣礼塔楼设有镂窗,维吾尔语称"凯辟再克"(即笼塔之意),塔顶为突出的圆拱形,上立铁杆,杆身有几层球形装饰,维吾尔语称"库伯",顶端有金属新月,有的新月方向皆向左弯,有的新月左右相对。主礼拜殿顶多为薄壳建筑的拱拜孜,拱拜孜顶端建有小型笼塔,上立铁杆,铁杆上有库伯和新月装饰。有些高大清真寺顶上的新月,主观上是一种标志,客观上却又充当着避雷针的作用。有些大清真寺,如建于1798年的喀什艾提尕尔清真寺,在院内有相当大的一块空地,院中心为礼拜前净手、脚、面、口、鼻用的渗水池。院左右有两排房间,房间窗棂为木质,每个窗的花格图案都不相同,十分丰富。有的主礼拜殿为半敞篷式,如喀什阿帕·霍加大礼拜厅,即一面墙敞开,利用几十根各有不同木雕结构及彩绘图案装饰的柱子顶起,19

个大型带有肋骨拱的拱拜孜，如同土耳其具有拜占庭时期的建筑风格。有的礼拜殿则为封闭式。有的清真寺的大门顶部，也以肋骨拱的形式结构，因为这些建筑一般不用木材、水泥及钢筋，而是以砖结构砌成，在力学上力求坚固，如库车大清真寺和阿图什大清真寺等。

在伊斯兰教建筑中，龛形（伊朗语为"米合拉甫"），作为特色体现于建筑的许多部位。首先是主礼拜殿内阿訇唱经的位置。对于这种龛形结构的含意争议颇大，我们认为，这是一种从门式结构演变过来的形制。因为在它顶端垂直地面的部分，是被左右两边挤压而向上的力提起，从而抵消了向下的重力。这是劳动人民自己在实践中发现的。同时这种两边对称，顶部直冲上端的形式，在美学上具有一种"火焰的自由上

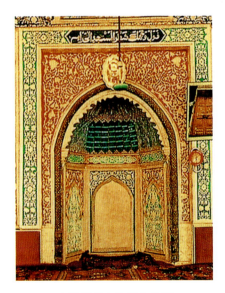

◆ 清真寺内的米合拉甫

升状"，又具有神圣、崇高、不可征服和圆润、流畅而庄严清真寺内的米合拉甫之感。在现实中，它还形似植物的芽、蕾，孕育着旺盛的生命力和希望，神秘而又包含一种巨大的向上冲击的感性效应。所谓"火焰的自由上升"是因为伊斯兰教创教之前，拜火教曾一度流行于中亚地区，至今仍在这种龛形上端绘以火焰纹。另外，在主礼拜殿内，阿訇站在龛前唱诵经文，该龛深进一个半圆形较浅的凹面，具有一种把阿訇的声音定向反射向外扩音的效果，这在没有扩音设备的时代，无疑是一种聪明的发现。当然，如今已使用了现代化音响设备，但这种传统形制仍然保留着，同时也留下了一份神秘气氛，甚至将这个龛形作为代表一个宗教和信仰的标志。因为这个龛形的美学价值，在普通百姓之中，已经深入人心，有多处把它作为一个平面装饰的"纳姆尼亚"，并在其中绘满图案，装饰于民居墙壁。有时作为一个储藏物品的壁龛，一个门洞，并装饰以图案，有时又作为一"盲门"和"盲窗"，以增加建筑高度的视觉效应和神秘感。

回族在新疆的清真寺有自己的特点，因为回族与汉族的文化艺术传统有相同之处，所以清真寺多取中原古建筑形式，大屋顶、青砖青瓦、前廊后厦、飞檐起脊、明柱、画梁、富丽堂皇，只是在屋脊上去掉人兽装饰，而高处的中心部位立有铁杆，挑起一弯新月。除此之外，寺名有时以原籍迁来之地名而冠之。如乌鲁木齐的"青海大寺""陕西大寺""固原寺"等等。

哈萨克族与柯尔克孜族，因为以游牧为业，他们的清真寺不易建造，也不易聚众礼拜，故清真寺较少，形式也简单。如巴里坤哈萨克清真寺。

2.麻扎建筑：麻扎，维吾尔语意为墓地、陵墓或陵园。有身份的死者墓室设在建有拱拜孜、薄壳顶的厅堂之内，厅堂内和墓室外壁绘有经文，米合拉甫和娜姆尼亚装饰有图案。莎车县的阿勒屯麻扎是原叶尔羌国王室家族墓地，莎车白依斯·哈克木伯克麻扎就修建在其中，墓堂外墙贴有青花釉面砖，墓堂大门为传统龛形，左右两角设有两对宣礼塔作装饰。墓堂大门上方修建一排三个盲窗作为装饰，墓堂内壁修建绘制上小下大的两层米合拉甫平面龛形，其中写有经文作为装饰。

◆ 墓室内部墙面装饰

伊斯兰教传入后对民居建筑的影响

自从伊斯兰教传入新疆之后，清真寺也随之兴建。清真寺的建筑风格使当地居民感到眼前为之一新，它崇高而神秘，同时具有富丽堂皇和使人敬仰之感。从此方面去观察、比较，建筑图案是诸多工艺美术中最为繁盛的。随着清真寺建筑形式的传入，民居建筑及其装饰也得以借鉴和融入。

1.大门建在正房之侧，正门不能对正房。在汉族民居建筑中也有此忌讳，如果正对，要在大门对面设一影壁。维吾尔族民居建筑中正门也不能对着正房，或对着长廊，或对着侧房之墙壁。

2.较为讲究的民居建筑，大门与走廊相连，尽头设有拱门，再进入外院，宽敞的外院一般设在拱门的左侧或右侧。这样布置的用意在于来往的路人不能直接从院外窥视到内院。外院的一侧，盖有家禽、家畜的圈房，房上一般建有存放饲料的小阁楼。步入内院，可以看到院内的主体房屋。主房进厅两侧是排列有序的大小客厅、厨房、贮藏室等房间。面南朝阳的主体房屋外廊搭有葡萄架，或花架，或葫芦架，或花圃。架上的藤蔓植物攀缘至房檐，形成浓荫遮蔽的内院。

3.屋外一般设有外廊，廊外有一排廊柱。廊柱一般为六面，雕有花饰，分别为柱基、柱裙、柱身、柱头。上下多层刻花，然后重叠结合或彩绘，刻花细致，结构复杂，直顶圈梁。有的柱头简单，但在柱与柱之间设一圆拱形镂空木雕在圈梁下。有的为了加大跨度而省去一柱,但仍保持着两个圆拱。被省去的部分,也就是两圆拱相接又与柱头结构相似的部位,下吊一石榴状圆形装饰物,称为"玛达亨力"。在每个圆拱上,都作相同的木质透雕花饰,廊下一般设有床榻或土炕,为待客之处。

4.一些考究的正房厅堂,客房两侧置"笼堂",或一面或两面,以细密的木格窗棂雕花作为隔断,与家中女眷活动室隔离,但可透过木格看到对面似有若无的人影活动,又不让客人看得十分清楚。客厅中不设桌椅,垒有土炕,有的铺地毯或花毡,席地坐在棉褥上,食品则摆放在客人面前的台布上。

5.客厅墙壁有墙裙,并列许多个"纳姆尼亚"。喀什人尤其崇尚米合拉甫,在喀什市雅巴克区的一套住宅内,其中的一间客厅里就设有99个大小不同的米合拉甫形壁龛。最大的两个设在正面,存放被褥和衣物,其余97个设在左右两面墙壁,存放家什杂物、茶具、餐具、书籍、干果等。有的米合拉甫,将本来构成顶端的两条抛物线,变化为由两三个,或三四个圆弧构成;有时还在弧与两条垂线相接处收腰;有的在龛形顶部,刻有镂空的芽饰、火焰状、莲花状、对称的巴旦姆等装饰。或在龛形的上方装饰许多镂空花,或在娜姆尼亚内绘有中原传来的类似剪纸纹样和本土民间风格的装饰纹样——花瓶插花枝,当然,也有装饰经文的。这充分体现了阿拉伯艺术传入后与当

◆北疆民居建筑

地传统文化的碰撞与融合。这时的米合拉甫,已由庄重、神秘、威严,变为活泼、亲切、温馨的民间生活化装饰。

第一章　民居建筑

　　新疆四周环山,北部有阿尔泰山,南部有昆仑山、阿尔金山,西北部有塔尔巴哈台山脉,西南部有帕米尔高原和喀喇昆仑山,北疆的准噶尔盆地和南疆的塔里木盆地被横亘于新疆中部的天山山脉分割。在夏季终年积雪的高峻山脉形成的冰雪融水,汇聚成条条河流,灌溉着南、北疆片片绿洲。四周封闭的塔里木盆地形成干燥的大陆性气候。分布在高山脚下、沙漠边缘或河流沿岸的绿洲,生活着勤劳的各族人民。准噶尔盆地受北冰洋冷湿气流的影响,降水量较大,山谷、盆地间形成的大片草原是天然牧场,同时,较湿润的气候也适于耕作和居住。

　　新疆自古以来就是一个多民族聚居的地区。每个民族都有自己的建筑文化,都有自己的建筑装饰艺术。由于新疆独特的地理环境和自然气候特征,部分居民充分利用绿洲生长的木材和次生林,形成了木质框架、编笆泥墙面和小木材密梁顶建筑形式同时,部分地区少雨干旱,缺乏木材,人们又创造了坚固耐久的生土建筑;部分民族还创造了便于拆卸和运输、适合草原牧区的可移动性建筑——毡房。

　　新疆自古以来就是东西方文化交流、荟萃之地,也是农耕民族和游牧民族共同生息和相互交融的地区。在这片广袤的土地上生存的各民族,为中华民族创造了灿烂的建筑文化、、形成了中国建筑文化中具有地域性的、独特而完整的体系。

◆民居庭院

◆民居（局部）

◆北疆民居大门

◆伊宁市民居庭院大门

●农耕民族民居

新疆从事农耕的民族主要有：维吾尔族、汉族、回族、锡伯族、俄罗斯族、满族、乌孜别克族、塔塔尔族、达斡尔族。这些民族主要从事农业，部分从事牧业。本章将详细介绍维吾尔族等民族的民居建筑特征。

1.汉族民居

汉族人分布于新疆各地，以北疆的乌鲁木齐、伊宁、塔城、奇台、吉木萨尔，东疆的哈密、

◆ 巴里坤汉族四合院

吐鲁番，南疆的库尔勒、库车、阿克苏为主要分布地区。

新疆的汉族民居与内地西北地区汉族民居基本相同，建筑多数坐北朝南，对称布局，按单幢房屋进行围合式组合，房屋一般为双面歇山顶或斜坡顶砖木或土木结构。农民的房屋大，多用土坯砌筑，以平顶或坡度较小的单面斜顶为多，屋顶上房泥，不覆瓦，墙皮刷白石灰，门窗开在南面，安装双层玻璃，冬季用火墙取暖，每家用围墙筑成院落。

2.回族民居

回族人大多生活在新疆的北疆、东疆地区和巴音郭楞蒙古自治州的城市乡村，在南疆地区定居的相对较少。

新疆典型的回族民居建筑与汉族相同，一般是围合式庭院，坐北朝南，建造方法是木构架飞檐硬山式坡屋顶，小青瓦或草泥覆顶，主轴线对称布局。庭院内种植花草树木，用石板或砖铺设道路。

另一种是根据新疆的气候特点和木材缺乏的情况而建造的建筑样式。主要特点是房屋多呈一字形或曲尺形，一门两窗，土坯墙内建木构架，有平顶和斜顶两种形式。回族人喜欢在房内墙上贴山水花鸟画、博古通屏和书法绘画，在客厅的正面放置经文匣、花瓶等物，在门窗帘、炕席上刺绣花卉图案。喜欢在庭院种植花草树木和盆花，在窗台上和庭园里摆放争奇斗艳的花草。

3.锡伯族民居

新疆的锡伯族人是于1764年，由清政府抽调1020名锡伯族官兵与3275名眷属，从东

北迁徙至新疆屯垦戍边的，主要居住在伊犁哈萨克自治州察布查尔锡伯自治县和巩留、霍城、尼勒克与新源等县。

由于居住较为集中，受当地建筑影响较小，与内地的建筑样式相仿。围合式庭院为南北长方形，由正房、厢房和杂物房等组成，大小不等。庭院有围墙，庭院中种植花木。锡伯族古代的建筑有帐篷、草房、马架子、地窝子。锡伯族的房屋一般都建在高处，木框架结构，三面为土坯墙，早期为两面坡顶屋面，硬山形式，顶部有瓦，迁徙来疆后受当地民居建筑的影响而逐渐改为一坡平顶，草泥屋顶形式，房屋多为三间，两

◆ 锡伯族民居

◆ 伊犁俄罗斯族民居

侧为住房，把中间房的五分之三隔成过道，里屋为厨房，两侧室各有一炉灶，通向两侧的火炕，东侧室住晚辈，西侧室住长辈。后来建筑风格随着当地气候特点和建筑材料而有所变化，屋顶的出檐逐渐由两层挑檐改为单层挑檐。

4.俄罗斯族民居

新疆的俄罗斯族人居住较为分散，主要分布在伊犁、塔城、阿勒泰、乌鲁木齐等地。

俄罗斯族的住房为四方形，砖木结构，建筑顶部盖有绿色油漆铁皮，房门朝南，为冬季防风保暖门前设有门庭和围廊。客厅和卧室位于大门过道的两旁，室内窗户高

大明亮,墙角的大壁炉用于冬天取暖。住房后面盖有厨房和库房,厨房内砌有烤制面包或点心的烤炉,地下挖有菜窖。院落有围墙,院内种植花木。俄罗斯族的住房盖得高大,墙壁厚实,最厚可达50～80厘米,冬暖夏凉,屋子经常粉刷,非常整洁。

阿勒泰山区盛产木材,这里的俄罗斯人多用圆木垒墙,外抹草泥,顶部用木板铺盖,用细圆木或木板钉起院落围墙,与西伯利亚的俄罗斯族住房相似。

◆伊犁满族旧居

5.满族民居

满族人主要生活在中国的辽宁省,并散居在黑龙江、吉林、内蒙古等省区和北京、天津等大中城市,新疆的满族人主要与汉族人混居,主要居住在北疆的乌鲁木齐、伊犁、昌吉等地,东疆的哈密、吐鲁番,南疆的库尔勒、库车、阿克苏等地也有居住。

满族人的住宅建筑外观与汉族人的住宅建筑基本相同,坐北向南,有"以西为贵,以近水为吉,以依山为富"的说法,房屋的立面用土坯支撑,梁柱用木材,住房一般是三至五间,东边开门,门向南开,称为口袋房。盖房时先盖西房,再盖东厢。落成的正房也以西屋为大,称上屋,上屋的西炕是供奉祖先的圣洁场所。满族的住房一般院内有影壁,立有供神用的"索罗杆",住房一般有两间正房,房屋窗户较大。里屋内北、西、南有炕,以西炕为贵,北炕为大,南炕为小。习惯在门上贴春联,在窗户上贴剪纸窗花。

6.乌孜别克族民居

我国的乌孜别克族人主要分布在新疆各县市,70%居住在北疆,30%居住在南疆。

乌孜别克族的建筑一般为过道式平面布局,通过走道通往起居室、卧室、书房等房间。墙壁厚实,壁龛、屋顶、檐部、门窗的装饰形式多样,木柱雕刻着丰富的装饰图案,房间有壁炉,习惯在门口和每个房间挂一块花布门帘。

牧区的乌孜别克人春、夏、秋三季住在毡房里,冬季住在土屋和木房里。毡房下部为圆形,毡房高1.5米左右,用柳条木杆纵横交错连接成栅栏,围成圆形,上部为穹形,以撑杆搭成骨架,撑杆下部略弯与栅栏相接,上端插入圆形的木质天窗,内外部用毛毡覆盖,用皮绳加固,靠天窗通风透亮。下雨雪时,天窗用一块可以随时揭开或覆盖的毛毡遮盖。

7.塔塔尔族民居

塔塔尔族是以商业为主，牧业为辅的民族，只有少数人从事农业和手工业。他们以散居的形式分布在新疆各地，主要居住在阿勒泰、伊犁、昌吉、塔城、乌鲁木齐等地。

城里的塔塔尔族住平顶土房，住宅自成院落，套间房屋较为宽敞，窗户宽大，室内明亮并挂上自己绣制和钩花的窗帘，墙壁较厚，墙面粉刷成白色，房间整洁干净，室内挂壁毯，用火墙或壁炉取暖，地上铺地毯，庭院内种植花木。客厅、客房、厨房和储藏室一应俱全，富有的家庭还有小型澡堂。

牧区的塔塔尔族主要居住在帐篷里。

8.达斡尔族民居

新疆的达斡尔族是于1763年受清政府派遣，从黑龙江携眷驻防伊犁霍尔果斯而来，并屯垦戍边至今，他们的生活习俗与东北的达斡尔族大同小异。现主要分布在塔城一带，以农业为主，兼营牧业、果业。

达斡尔族院落布局十分讲究，常在依山傍水处建砖木和土木结构房子，四周有围墙，顶部多为人字形。达斡尔族的住房以多窗著称，房屋常常为一明两暗，有正窗和西窗，屋内有火炕，房门朝东，中间为厨房，两侧为长辈和子女的房间，被褥叠放整齐置于炕头南端，毛毡和布单铺于炕上，墙上用各种剪纸和墙围布装饰。达斡尔人无论有几间住房都以西屋为上，西炕专供客人起居，南炕供长辈及其女儿用，长者挨东侧

◆达斡尔族民居前的婚礼

◆达斡尔族民居

炕头，女儿在西侧炕柜旁边，儿子儿媳及其孩子住北炕。

9.维吾尔族民居

维吾尔族人主要分布在南疆的喀什、和田、阿克苏等地区，东疆的吐鲁番、哈密等地。北疆的乌鲁木齐、伊犁等地区也有分布。由于新疆地域广袤，地质结构和气候的不同，维吾尔族民居建筑布局方式以及内外部的装饰样式也有很大不同。屋顶样式有平顶或单面斜坡形。大门忌朝西开，房屋盖在院落的北面，多为长方形平房，房前一

般设有拱式前廊、台阶和平台。前廊由廊柱组成,平台为接待客人或乘凉、聊天之处。这种建筑形式的形成,一是由于地理、气候、土质和当地材料的限制,二是由于东西方文化交流、民族融合和交替的宗教信仰及生活习俗等诸多原因。

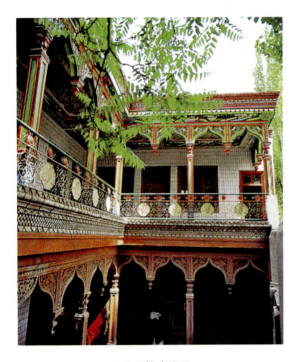

◆北疆楼式民居

◆南疆民居外廊

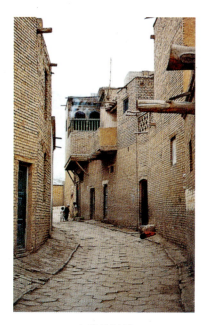

◆喀什民居

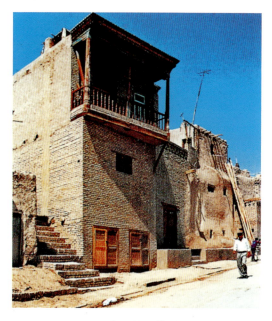

◆和田民居外观

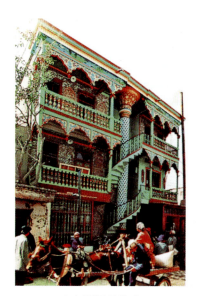

◆南疆民居外观

◆于田民居院落

◆ 带凉棚的民居外廊

(1)南疆维吾尔族民居

南疆干旱少雨、气候温和,房屋建筑大多用土坯建造,平顶,既可乘凉,又可作晒台。

"阿以旺"(维吾尔语,"明亮的处所"之意),这种建筑形式已有2000多年的历史,其中南疆和田等地区的"阿以旺"最具代表性。它是一种介于敞开的室外庭院活动场所与封闭的室内场所之间的建筑样式。

外廊式民居以喀什、和田地区民居为代表。房屋均设宽大的外廊,廊内设有供家庭成员和客人歇息、餐饮、娱乐、睡眠等的炕、台,较大的建筑常用回廊围成三面或四面,外廊檐部、柱与柱之间等木雕装饰精美,较深的屋檐便于夏天纳凉。

◆带封顶天窗的民居院落

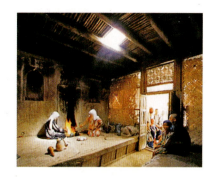

◆百年老式民居

◆楼式民居

◆民居外廊

◆敞廊

◆回廊外饰

◆英吉沙民居庭院

◆地铺卧室

◆南疆民居壁龛

◆民居室内装饰

◆民居卧室内的大小壁龛

（2）北疆维吾尔族民居

北疆地区由于地理原因，常有寒流入侵，雨雪较多，夏季凉爽，冬季寒冷。因此，建筑必须具有防寒和排水功能，民居建筑多用砖石、木料，建筑顶部样式为一面斜坡或两面斜顶人字形，从屋顶前部和后部伸出较长的屋檐，便于排水，墙壁较厚并开窗户，窗户为双层便于防寒。

◆ 带有前廊的民居

◆ 伊宁市民居

◆伊宁市民居

◆高台阶式民居

◆ 带有旋梯的现代民居

◆ 民居外观

◆ 高台阶民居

◆ 带有前廊的民居

◆ 伊宁市民居

◆ 民居一角

◆ 有前廊和凉棚的民居

◆ 窗户、房檐装饰

◆ 居室雨棚、大门

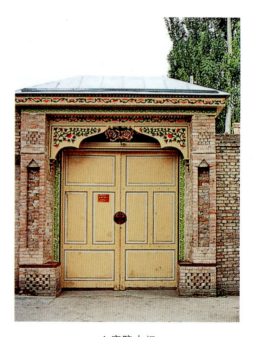

◆ 庭院大门

◆居室门窗、雨棚装饰

◆居室门窗、雨棚

◆庭院大门

◆雨棚、房门、踏步

◆拱形窗户

◆居室门窗及雨棚装饰

◆拱形窗户

◆门窗

◆窗户

◆火焰山下的民居和晾房　　　　　　　◆吐鲁番民居外观

（3）东疆维吾尔族民居

　　吐鲁番、哈密地区海拔较低，夏季炎热，冬季较冷，当地居民根据环境巧妙设计出墙体厚重，冬暖夏凉的地上、地下和半地下建筑——半地窝子式民居。

　　维吾尔族民居建筑突出地表现出绿洲农耕文化的特色。屋顶开天窗采光，房前屋后种植果木，门前种植葡萄，庭院种植各种花卉。

◆吐峪沟老式民居

◆带葡萄晾房的庭院外观

◆火焰山下的村落

◆老式民居院落

◆带葡萄晾房的民居建筑

◆ 有敞廊、护栏、天棚、天窗的民居

◆ 有巨大凉棚的哈密民居

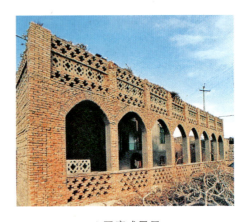

◆ 围廊式民居

◆有突出房檐的鄯善民居

◆坎儿井流经的民居庭院

◆土楼式民居

33

●游牧民族民居

　　新疆从事牧业的民族主要有:哈萨克族、蒙古族、柯尔克孜族、塔吉克族。这些民族的主体部分主要从事牧业,也有少部分人员从事农业或其他行业。

1.哈萨克族民居

　　哈萨克族人主要生活在新疆北部的伊犁哈萨克自治州和木垒哈萨克自治县、巴里坤哈萨克自治县。哈萨克族人主要从事牧业,兼营农业和狩猎。春、夏、秋三季一般都住在便于搬迁的毡房,冬季常常住在冬牧场的土房和木房里。如今,一部分哈萨克族牧民开始了定居生活。

　　毡房是千百年来哈萨克族牧民的传统民居,建筑骨架由木撑杆、木栅栏、圆形圈顶组成,再加上毡片、花毡和芨芨草帘就构成了毡房。圆柱形毡房的围墙通常是由四个、六个栅栏块组成,栅栏高1.3~1.5米,可以折叠,便于运输。木撑杆长2.4~2.8米,下端呈扁方形,绑扎在栅栏上,上端细圆笔直,插入顶圈的洞孔内,中部撑杆呈35度左右的弯曲,便于上端撑杆收拢于圆形顶圈内,圆形顶圈由十字形拱架支撑。坚固而有柔性的整个骨架用树干制作。毡房的门多为雕刻着图案或彩绘着纹饰的双扇门,门高1.5米左右,宽0.8米左右,木门外挂有芨

◆ 搭建毡房的居民

◆ 晨曦中的毡房

35

◆搭建毡房的工作一般全由妇女承担

芨草编织的外附花毡的门帘。毡房内的中间支有生铁炉子,炉旁铺火花毡,紧靠栅栏墙的毡房中间放有垫桌,上面陈设着被褥、箱子等。毡房的大小根据房墙栅栏的多少确定,普通的毡房宽2~3米,高1.7~2米。由6块房墙栅栏组成,也有用更多的房墙栅栏构成更大的毡房。几个同一家族群落的毡房集中在一起称之为一个"阿吾勒"。

既便于拆卸、搬迁,又便于运输和搭建的哈萨克毡房至少有两千多年的历史。搬迁毡房是牧民生活中的一件大事。要穿上最好的衣服,由牲畜驮着的搬迁物品上要盖上漂亮的花毡,选择本部落里最漂亮的姑娘,穿着最华美的衣裳,佩戴最贵重的首饰,连她骑的马也披上绣花马衣,走在队伍的最前面,以示吉祥。

每年11月至来年的4月哈萨克族牧民通常住在冬牧场。大小不同的木屋是哈萨克族牧民的传统住房,墙壁和屋顶均由木料建成,离地30~40厘米铺地板,屋顶铺有厚干草,墙内外抹有墙泥。木屋装饰全是木头本色,不涂饰油漆,屋内墙壁装饰着深色的图案挂毯和丝绸,猎枪和兽皮,木质地板上铺花毡,被褥、木箱整齐地摆放在房间的中央。这种木屋冬暖夏凉。

哈萨克称为"雪夏拉"的自古相传的圆形房屋,外形与毡房近似,围墙是由土坯和石块砌

◆绣有多种图案的哈萨克族毡房外观之一

◆绣有多种图案的哈萨克族毡房外观之二

◆绣有多种图案的哈萨克族毡房外观之三

◆毡房内部陈设

成，高2.5米左右，上有撑杆似的细椽子，椽子的下端固定在围墙的顶上，上端连接在房子的顶圈上，上盖苇席和枝条，再在上面抹一层泥，屋内有四根或六根椽子。这种房间不仅牧区有，城市也有。

最初的固定住房有堡垒型、毡房型，现在政府为牧民建造了双面歇山顶式的住房，有的还有庭院。

◆绣有各式图案的毡房外观之一

◆绣有各式图案的毡房外观之二

◆绣有各式图案的毡房外观之三

◆绣有各式图案的毡房外观之四

◆搭建毡房

◆毡房外围花毡

◆临时简易的传统移动居室

◆毡房顶部

◆毡房木门

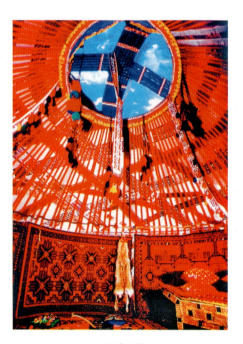

◆毡房顶部

◆ 毡房内部

◆ 搭建毡房材料

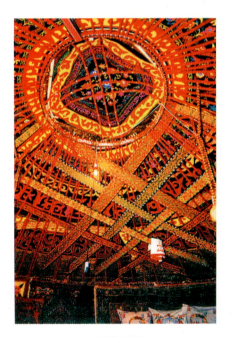

◆ 毡房顶部框架

◆ 毡房顶部

◆林场木屋

◆哈萨克族定居点之一

◆冬季林场的木屋

◆哈萨克族定居点之三

◆哈萨克族定居点之二

◆哈萨克族定居点之四

◆赛里木湖边的蒙古包

2.蒙古族民居

　　新疆的蒙古族人主要居住在巴音郭楞蒙古自治州、博尔塔拉蒙古自治州、塔城地区的和布克赛尔蒙古自治县等地。蒙古族人以畜牧业生产为主,其建筑的主要形式为平面圆形、外观为圆锥体的蒙古包。

　　蒙古包是由木质的房架和毛毡组成,房架由圆形天窗、活橡子(乌尼)、可折叠的栅栏木架(哈那)等构成;毛毡由围毡、盖毡、顶盖毡和门帘毡组成。毛毡用羊毛制作,有白毡和花毡之分。通过各种宽窄不同的羊毛带子的捆扎、固定,组成了蒙古包。蒙古包有大小之分,最大的由 10 个或 12 个,最小的由 4 个哈那组成。门朝东开,炉子安装在房间正中的天窗下面,与门相对的墙面摆放被褥和箱子,箱子和被褥前面铺

◆简易蒙古包

44

◆蒙古包顶部结构

◆蒙古包外观

着花毡和毯子,炉子左右沿墙摆放着床铺,门的右边放马具及劳动工具,左边放炊具。左侧是长辈、男子睡的位置,右侧是晚辈、女子睡的位置,由于蒙古族习惯当门为上,客人睡在门边的位置,老人睡在佛龛的前面。就寝时拉帘遮挡,以使各自安睡。

除蒙古包外,还有用石块、草泥或木材建成的外形近似蒙古包的建筑,这种固定的建筑主要供临时使用。也有一些地方的蒙古族建筑出现定居和半定居的土木结构平房,靠近森林的牧场,全部用木材作承重结构的房屋。

◆晨曦中的蒙古包

◆蒙古村落

◆ 图瓦人村寨

◆ 正在兴建的图瓦人房屋

◆毡房前是举行重要活动的场所

3.柯尔克孜族民居

柯尔克孜族人主要居住在新疆克孜勒苏柯尔克孜自治州,以畜牧业为主,兼营农业,是较为典型的游牧民族。因此,用野山果树干制作的便于拆卸、安装,由重量轻、携带方便的栅栏、支架、圆形天窗构成的毡房是他们主要的居住建筑。这种毡房造型优美,防风抗寒,是最优化、合理的建筑空间形体。栅栏外围着芨芨草帘和装饰画帘,支架外附白毡子,天窗盖是一块能够拉动的花毡,门朝东开或朝南开,门外有绣花的毡帘子。入门后,毡

◆毡房外观

房右侧是摆放餐具和食物的位置，正对面放被褥、木箱、枕头，木箱前铺花毡，是客人聊天、休息和睡觉的地方，毡房左侧是老人的铺位，右侧是子女的铺位，毡房中央是火炉、锅灶。毡房墙壁左侧悬挂着绣花的"色克切可"用于挂衣帽，右侧用帘子和苇席围起的一块地方是厨房和储藏室。

　　柯尔克孜族的毡房既是会客室，也是卧室；既是厨房，也用作储藏室。为了拆运方便，除了正式毡房"勃孜吾衣"外，还有一种简易毡房"阿拉奇克"。柯尔克孜族的毡房形状有两种，一种是圆锥形，常见于天山以北；另一种是半球形的矮顶毡房。随着定居放牧的人数增多，居住在固定住所的庭院和砖木结构房间里的人数逐渐增多。

◆ 毡房外观

◆ 居民与毡房

◆毡房木框架

◆毡房的内部装饰

◆ 毡房局部结构

◆ 毡房顶部的采光透气窗

◆ 密闭后的采光透气窗

搭建毡房的完整过程：

① 第一步：打栏墙

② 第二步：支天窗

③ 第三步：支毡房顶杆

④ 第四步：围芨芨草帘

⑤ 第五步：围外墙毡与顶毡

⑥ 第六步：毡房搭建完成

①

②

③

4.塔吉克族民居

塔吉克是以牧业为主的民族，主要居住在新疆西南部帕米尔高原的塔什库尔干塔吉克自治县和阿克陶等县的部分地区。为了使房屋内部冬暖夏凉和便于防风，房屋建造呈集中密闭式，叫"蓝盖力"。一般是正方形平顶，土木混合结构，草泥屋面，自由排水，屋顶可作晒台。主居室房屋宽大，既是接待客人的地点，也是喜庆日子的活动场所，这是由于大多数牧民长期过着大家庭式的生活而形成的。为防御寒冷，住房建造得较低矮，一般为 2.2～2.5 米；为了防风，墙壁上没有窗户，只有屋顶中央开有天窗，天窗开在炉灶的上方，一方面是为了采光，另一方面是为了排烟，冬天封闭天窗。室内分就寝区、活动区、炊事区，沿墙的三面为土炕，构成就寝区，土炕上铺满毡子和地毯，由左至右按长幼分通铺就寝。房门向阳，进门后，有一道高 15 米左右的栏墙。

近年来新建的房屋吸收了维吾尔族民居建筑特色，有的开高侧小窗，有的在主室后设套间，便于居住。

◆庭院门前

◆客厅

◆居室内部结构

◆居室内部

◆老式房屋

◆居室

第二章　宗教建筑

新疆还是一个多种宗教传播、发展、并存的特殊地区。祆教、摩尼教、道教、基督教、佛教、萨满教、伊斯兰教等宗教,在新疆都留下了众多的宗教遗迹和宗教建筑。

●清真寺建筑

在天山南北,凡穆斯林聚居的地方都建有清真寺。按规模和使用功能,大致可分为三种类型,即普通清真寺、加满清真寺、艾提尕尔清真寺。在建筑装饰艺术方面主要分为三种造型与风格,即土木、砖混结构的维吾尔式装饰造型与风格,传统木质结构的中原殿宇式装饰造型与风格,使用现代综合材料方式的装饰造型与风格。

1.南疆清真寺建筑

南疆,包括喀什地区、和田地区、阿克苏地区、巴音郭楞蒙古自治州、克孜勒苏柯尔克孜自治州。

◆喀什艾提尕尔清真寺内景

喀什是南疆最大的城市，它的全称为"喀什噶尔"，是著名的历史文化名城。它地处塔克拉玛干沙漠西缘，帕米尔高原东麓，是古代著名的商埠，丝路西端的重镇。这里曾有土耳其、阿富汗、印度、巴基斯坦等外籍人士居住，他们或传教，或经商，带来了西方及中亚、西亚文化。同时，喀什富户、商贾众多，他们常去麦加朝觐，或到世界各地经商、观光，因此也受到了国外文化的影响。加上当地汉族、回族居民，又将许多内地的文化带入南疆，连同伊斯兰教传来以前遗留的佛教文化，喀什一带的建筑便有了中西文化的交汇特色。这些外来的影响与地方传统相结合，便产生了独具风格、丰富多彩的南疆伊斯兰教建筑及装饰艺术。

◆喀什某清真寺

◆民丰清真寺

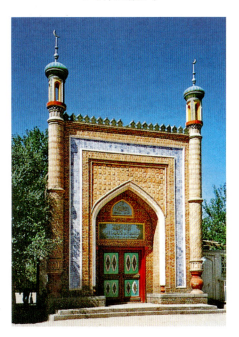

◆莎车清真寺

◆清真寺庭院建筑

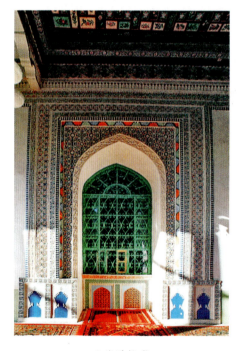

◆米哈拉甫

◆局部装饰

◆米哈拉甫镂窗花格

◆清真寺密梁顶

◆大藻井

◆小藻井

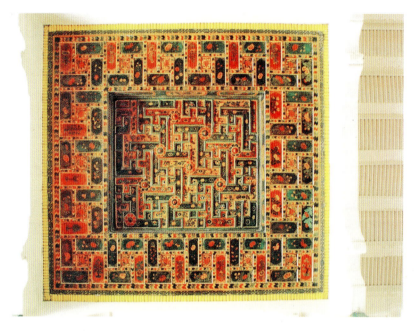

◆小藻井

◆大藻井

(2)叶城加满清真寺

叶城加满清真寺位于叶城县的主要街道旁。门殿是二层砖木混合结构建筑,角柱呈圆形并有分节和收分,檐部有如意透空花饰,柱塔及门殿龛形处装饰多种形式的经文书法。木门采用雕刻、镂空、彩绘等装饰形式。门殿内部用彩绘、描金、浮雕等方法,使入口大厅纹样华美、金碧辉煌。该寺的礼拜殿是典型的维吾尔伊斯兰建筑形制,即横向型半开敞式。最值得称道的是该寺立柱的装饰纹样变化较多,色彩搭配有绿、红、乳黄、浅蓝、深蓝等,运用了退晕、平涂、双钩等多种彩绘表现技巧。

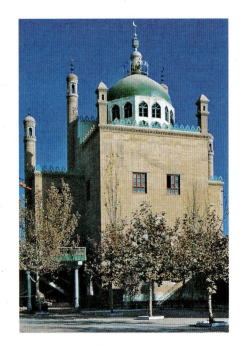

◆叶城加满清真寺楼背面

◆叶城加满清真寺门楼、广场

◆清真寺立柱彩绘装饰　　　　◆清真寺大门

◆叶城小清真寺外厅的米合拉甫

65

(3)阿克苏买吾拉·乃姆清真寺

阿克苏地区,包括阿克苏市、温宿县、沙雅县、拜城县、阿瓦提县、库车县、柯坪县、新河县、乌什县。

阿克苏市阿英柯乡买吾拉·乃姆清真寺有600多年的历史,曾是南疆伊斯兰教活动中心之一。清真寺内的装饰采用绿色为主的色调,与旁边的邦克楼、麻扎形成鲜明的对比。阿克苏市栏杆罕尼卡清真寺、库车县的默拉纳额什丁麻扎、阿瓦提县的阿瓦提大清真寺等建筑,都是阿克苏地区伊斯兰教建筑装饰艺术的典型代表。

◆清真寺顶部装饰

◆买吾拉·乃姆清真寺门楼

◆清真寺大厅

◆清真寺局部装饰

67

（4）库车清真大寺

库车清真大寺位于县城东老城区内，该寺始建于清代。占地21亩，由礼拜大殿、宣礼塔楼、学经房、宗教法庭及麻扎等组成。建筑材料主要采用砖、石膏和桑木。宣礼楼平面呈方形，中央上部收成八边形，宣礼塔楼高16米，土黄色砖砌筑，建造精致，边角设扶壁柱塔，上置小亭，使整个门楼显得非常和谐。塔顶采用跨度为7米的肋骨拱穹隆顶，并饰以深绿色，其上有一轮弯月，穹隆顶由外墙遮挡。礼拜殿分内外殿，殿内雕刻、壁画、书法精美，米合拉甫、藻井、门窗装饰考究。天棚中央为藻井，色彩浓艳绚丽。由于清真寺建于高地上，可以俯瞰全城。

库车清真大寺整个寺院平面紧凑、建造精湛，尤其是门楼造型简洁别致。清真寺外观高大，气势宏伟，显示出较高的装饰工艺水平。被列为新疆维吾尔自治区重点文物保护单位。

◆清真寺大殿

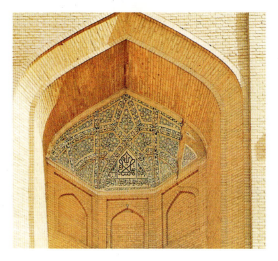

◆清真寺门楼局部（彩绘肋骨拱穹隆顶）

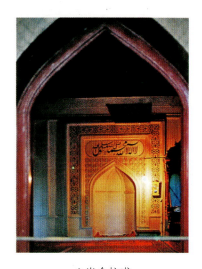

◆米合拉甫

◆库车清真大寺门楼

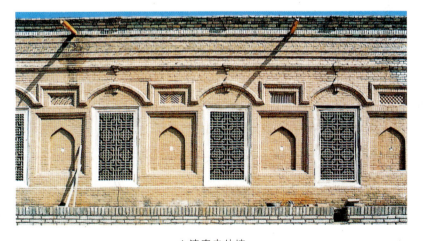

◆清真寺外墙

(5)和田加满清真寺

和田地区位于塔克拉玛干沙漠南部,包括和田市、和田县、洛浦县、民丰县、皮山县、策勒县、墨玉县、于田县。

和田加满清真寺位于和田市区中心,是和田地区最大的清真寺之一,始建于1875年。1997年由政府出资在原址重建。

和田加满清真寺平面布局为正方形,门楼正面是凹形穹顶大门,两侧耸立着两个10米高,顶端为小穹顶的塔柱,装饰着黄砖镶嵌的各种拼砖花,使多棱形塔身显得庄严华丽。沿墙两侧各有一个约7米高的圆形塔柱组成清真寺的门殿正面。整个门楼纹样繁密丰富,图案精美细致,构图洗练典雅、色泽古朴,给人以肃穆浑厚之感。礼拜殿内的柱子是六棱形柱身、圆形柱头,在统一中形成了多样变化。由木结构组成的大殿顶部凸出,并开有8个窗户,使大殿明亮,宽敞。大殿内的装饰色泽清雅,纹样规范,制作精致。

◆清真寺门楼背面

◆大厅局部装饰

◆ 清真寺门楼

◆ 清真寺大厅

(6)于田艾提尕尔大清真寺

于田艾提尕尔大清真寺始建于清末，位于于田县城区内，是新疆维吾尔自治区级文物保护单位。

该清真寺门楼高大雄伟，有三个大门，两侧较小，中间的门凹龛极大，中门两侧有多面体柱饰突出于墙面，分为六节，每节都由分节装饰，多面柱体顶部各有一弯新月。清真寺门楼两侧各有一对称的圆形宣礼塔，逐级收分，更显门楼雄伟壮观。由庭院向门楼背面望去，十个小亭和一个巨大的穹隆顶，错落有致，蔚为壮观。

礼拜大殿由敞开的前廊和封闭的后殿组成。门、窗的装饰简单朴素。大殿的外殿和内殿的中部都装饰着米合拉甫(圣龛)，礼拜大殿有4排，70多个高大木柱支撑着密梁顶部，殿内墙

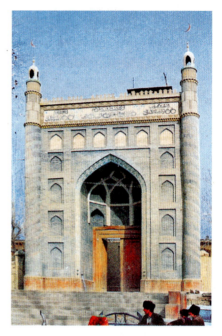

◆清真寺后门门楼

◆清真寺门楼背面

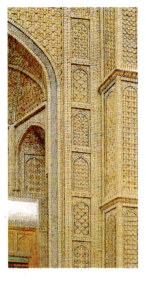

◆ 清真寺门楼局部

◆ 清真寺门楼局部

面装饰朴素,前门廊的宣礼塔与大多数清真寺基本相同,左右对称,可由侧门踏梯而上进入宣礼塔顶。该清真大寺的后门楼底部和柱裙突出,角柱下部粗细一致,由绳纹装饰,上部有分节和收分,顶部的圆形小亭上装饰着相对的新月。两旁装饰有8个凹形拱券门龛,上部装饰有6个凹形拱券小龛。

◆ 清真寺正门门楼

◆洛甫县清真寺门楼背面

◆洛甫县清真寺檐部装饰

◆洛甫县清真寺大厅内部装饰

◆洛甫县清真寺大厅

◆墨玉县清真寺庭院

(7)库尔勒加满清真大寺

巴音郭楞蒙古自治州是新疆维吾尔自治区各地州中地域最广的行政区，也是全国最大的地州。包括库尔勒市、和静县、尉犁县、和硕县、且末县、博湖县、轮台县、若羌县、焉耆回族自治县。

著名的伊斯兰教建筑库尔勒加满清真大寺始建于1916年，位于库尔勒市中心，由门楼、礼拜大殿、宣礼楼、沐浴室、讲经堂等组成。宣礼楼建筑设计立面高20米，四个塔柱半镶嵌在门楼两侧，塔柱顶部各装饰着一弯新月。礼拜大殿设在一个高台上，分内外两殿。为打破立面长廊造型的单调感，中部

◆清真寺局部装饰

◆清真寺门楼

◆清真寺大厅

◆ 清真寺过厅

七开间的列柱升高，显得重点突出。殿内四壁绘制精美而风格独特的装饰纹样。建筑装饰布局、用材、色彩均有独到之处，使该清真寺建筑装饰显得古朴、典雅，而又庄重、肃穆。

(8)库尔勒英霞路清真寺

库尔勒英霞路清真寺占地面积不大，没有庭院，大门入口直对着繁华的街道。外墙采用南疆常用的砖雕，内部采用淡雅的色彩装饰，纹样呈浮雕状，是一座典型的现代清真寺。其柱饰采用白菜叶作装饰，实为罕见。焉耆永宁下坊清真大寺的石膏雕花制作精美、立体感强。是巴音郭楞蒙古自治州伊斯兰教建筑装饰艺术的典型代表。

◆清真寺柱头

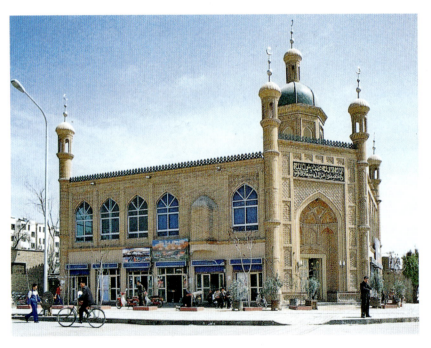

◆英霞路清真寺

78

◆英霞路清真寺大厅

◆大殿门饰

◆英霞路清真寺壁饰

(9)阿图什大清真寺

克孜勒苏柯尔克孜自治州位于南疆西部,包括阿图什市、阿合奇县、乌恰县、阿克陶县。

阿图什大清真寺建在克孜勒苏柯尔克孜自治州州府所在地——阿图什市,该清真寺砖饰纹样多、建筑雄伟,是新疆伊斯兰教现代建筑的经典之作。阿图什苏里堂·博格拉汗麻扎,安葬着新疆历史上第一位信奉伊斯兰教,并于公元 10 世纪把伊斯兰教引入新疆的喀喇汗王朝可汗萨吐克·波格拉汗。

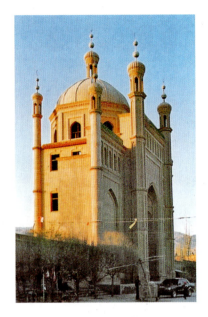

◆ 清真寺门楼

◆ 清真寺门楼正面观

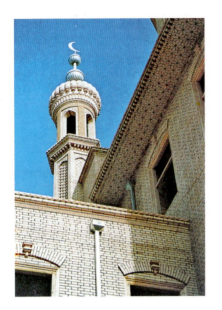

◆清真寺门楼墙面

◆清真寺庭院门饰

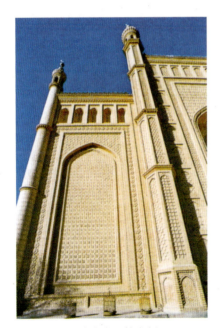

◆清真寺门楼左侧

◆清真寺门楼顶部

◆清真寺内部装饰

◆米合拉甫

◆大藻井装饰

◆ 小藻井装饰

◆ 清真寺柱头

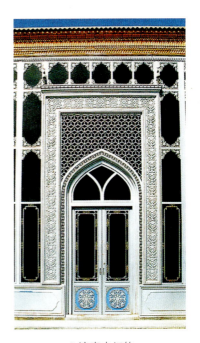

◆ 清真寺门饰

2.北疆清真寺建筑

北疆地区包括乌鲁木齐市、伊犁哈萨克自治州、昌吉回族自治州、博尔塔拉蒙古自治州、石河子市等地区。

北疆的地理结构与南疆不同。准噶尔盆地的西北方有几个缺口，北冰洋冷湿的气流对该地区产生了较大的影响，年降雨量在150～300毫米，远远超过南疆。这些山谷、盆地形成了大片的山地、丘陵、草原、农田。从整个气候来看，北疆的气温要低于南疆，由于西伯利亚寒流入侵频繁，北疆的冬季更为寒冷。为此，为防止寒冷的冬季和较大的降雨量，北疆伊斯兰教建筑结构、建筑装饰与南疆有很大的区别。宗教建筑的顶部由南疆的平顶、土木或砖瓦结构变成了北疆的水泥或铁皮制作成的斜面屋顶，宽阔的、敞开式密梁回廊变成了很窄的装饰回廊或干脆去掉回廊直接进入礼拜厅堂。

◆ 清真寺门楼

◆ 清真寺门楼

◆北疆清真寺外观

◆伊宁县清真寺外观

(1)乌鲁木齐汗腾格里清真寺

乌鲁木齐市是新疆维吾尔自治区的首府,是自治区政治、经济、文化的中心。乌鲁木齐,蒙古语意为"优美的牧场"。由于民族众多,生活习惯不同,乌鲁木齐的伊斯兰建筑装饰呈现出多种风格特征。如位于解放南路(南梁)西侧的塔塔尔寺建筑,最独特之处就是将宣礼塔楼建于礼拜殿的顶部,宣礼塔为多边形,这种建筑样式在新疆伊斯兰教建筑中确为罕见。汗腾格里清真寺位于乌鲁木齐市解放南路北端,繁华的南门地段,是以天山山脉著名的汗腾格里峰来命名的。清真寺下层为商场,上层为礼拜寺,这是一个商场与清真寺结合的典型代表。该建筑整体以现代建筑材料构成,使清真寺显得雄伟壮观的同时,细部又有很多耐看的纹样,很好地表现出浓郁的民族特色。新疆伊斯兰教经文学校、新疆伊斯兰教经文学院是培养高等伊斯兰教教职人员的地方,其建筑是现代风格与传统伊斯兰教建筑风格相结合的典范。

◆汗腾格里清真寺外景

◆清真寺走廊

◆ 汗腾格里大殿

◆ 墙壁装饰

◆ 走廊内的壁龛装饰

◆ 讲经台

(3)伊宁拜图拉清真寺

伊犁哈萨克自治州是北疆最大的一个州，面积近27万平方公里。伊斯兰教建筑装饰艺术的典型代表有：①绚丽多彩、纹样繁密、装饰精美的伊宁花寺。②伊犁地区霍城县境内的成吉思汗第7世孙秃虎鲁克·帖木儿汗王陵，该麻扎是新疆唯一留存的元代伊斯兰教古建筑，是自治区级文物保护单位。③伊宁拜图拉清真寺，位于伊宁市解放南路与新华路交界处的商业区，是由清政府在伊宁直接拨款修建的第一座伊斯兰教清真寺，也是伊宁最大的清真寺。原拜图拉清真寺由宣礼塔、大院、礼拜殿、拱形山门、讲经堂组成，其建筑宏伟、斗拱飞檐、雕梁画栋，是伊宁有名的"麦得里斯"(经文学校)。现仅存高大的门楼，是自治区级文物保护单位。④伊宁回族清真大寺，落成于清乾隆年间，该建筑是中原古典宫殿式建筑和伊斯兰教建筑在中国结合的典范。⑤伊宁县萨木于孜乡撒拉族清真寺，是新疆境内为数不多的撒拉族清真寺，其门楼造型与其他信仰伊斯兰教的民族的建筑有很大的不同。

◆拜图拉清真寺

◆拜图拉清真寺

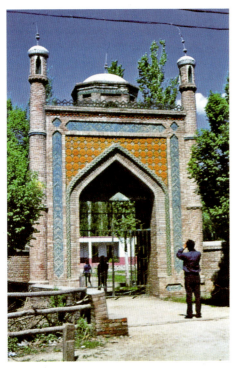

◆北疆小清真寺门楼

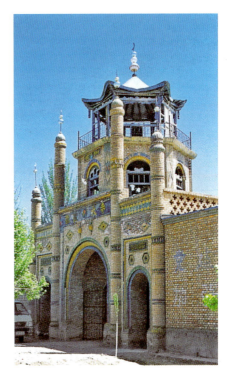

◆撒拉族清真寺门楼

◆伊宁县清真寺外观

91

◆伊宁回族清真大寺外观

◆伊宁回族清真大寺

◆伊宁回族清真大寺礼拜大殿

◆清真寺壁饰

◆六角清真寺

◆六角清真寺内部装饰

◆ 花寺大厅外观

（4）伊宁花寺

　　伊宁花寺坐落在伊宁市城区内，建筑规模较小，是全封闭性围合庭院，礼拜殿是其主体建筑。花寺的平面布局为不规则形制，礼拜殿设在寺院的西端1米多高的平台上，是一个正面带外廊的方形平面布局，南北长20米，东西进深16米，面积320平方米。礼拜殿正中是大厅式内殿，地面铺着华贵的地毯。室内共12个雕花木柱，组成网格状排列装饰柱体，支撑着色彩绚丽的密肋天棚，宽敞整齐。西侧墙壁间用石膏雕出上尖下方的圣龛，并饰以洁白的石膏雕花，背景装饰成大红色。天棚为平顶结构，上面按一定间距，绘有各种花卉图案。礼拜殿正立面向室外延伸4米，由6个雕花装饰柱体支撑。

　　花寺建筑装饰具有浓郁的新疆伊斯兰教建筑风格，处处显现着信仰伊斯兰教民族的审美观，体现出清真寺在穆斯林心目中的神圣感和装饰艺术独特的魅力。

◆ 花寺内殿顶部

◆花寺外廊

◆花寺外墙局部

◆花寺内殿大厅

95

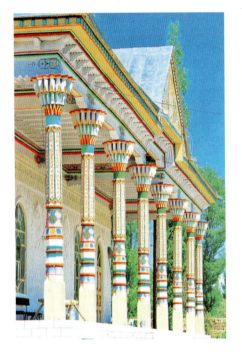

◆伊宁县清真寺外廊

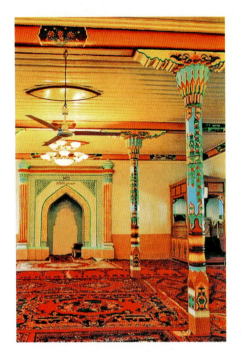

◆伊宁县清真寺大厅及立柱

◆伊宁县清真寺外观

◆撒拉族清真寺后门

◆伊宁县清真寺外观

◆布尔津县清真寺外观

◆伊宁县清真寺门楼

3.东疆清真寺建筑

巍巍天山是亚洲最大的山脉之一,东西长约2500公里,南北宽达250～300公里,天然地把新疆隔成南北两大部分。南有塔里木盆地,北有准噶尔盆地,天山以南称"南疆",天山以北称"北疆"。邻近东天山主峰博格达峰的吐鲁番盆地等地区称"东疆"。现今的"东疆",包括哈密地区与吐鲁番地区。东疆由于其特殊的地理环境和各种宗教文化在此交汇,诸多民族文化的融合使伊斯兰教建筑形成独特的风格。

◆哈密回族清真寺门楼

(1)哈密地区

地处新疆的东部,它是新疆去中原的东大门,也是北出天山草原,南去塔里木盆地、西去吐鲁番和乌鲁木齐的交通枢纽。哈密是多民族聚居、融汇的地区,境内有维吾尔、汉、哈萨克、回、蒙古、满等民族。多民族的文化在这里交融,多种文明在这里碰撞,并留下了不朽的遗迹和众多的伊斯兰教建筑。如黎明堂、陕西清真大寺、回王陵、艾提尕尔清真寺等一大批伊斯兰教建筑,不仅为穆斯林提供了宗教活动场所,也为我们展示了哈密地区伊斯兰教建筑装饰艺术的成就:

①哈密黎明堂是新型的伊斯兰教建筑,其高浮雕水泥装饰是新疆伊斯兰教建筑中少有

◆吐鲁番哈孜·伊哈那清真寺门楼

◆哈密兰州寺

的样式。②伊斯兰教主要是从陆路传入新疆的,而长眠于哈密绿洲的阿拉伯伊斯兰教传教士盖斯却是从水上丝绸之路进入新疆的。著名的绿色穹隆顶建筑——盖斯墓建在哈密市,是哈密伊斯兰文化的一个象征。③哈密回王陵是新疆规模最大、建筑风格最多的墓地之一。既有伊斯兰式的穹隆顶,又有中原式八角攒尖顶和蒙古式盔顶,说明整个陵墓是多民族文化交流的产物。其多种风格融为一体,在我国伊斯兰教建筑中独具一格。以上三座建筑,体现了东疆的伊斯兰教建筑风格,使得这里的伊斯兰教建筑装饰艺术与南疆、北疆有显著的区别。

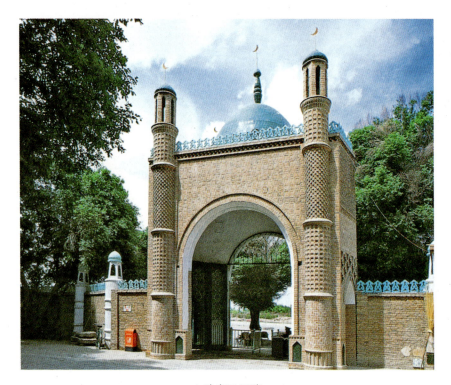

◆哈密回王陵

◆哈密回王陵外的麻扎

◆哈密艾提尕尔清真寺内部装饰(局部)

◆哈密艾提尕尔清真寺大厅

◆当地人称为"黎明堂"的哈密回族清真寺

◆清真寺门楼

102

◆清真寺大厅

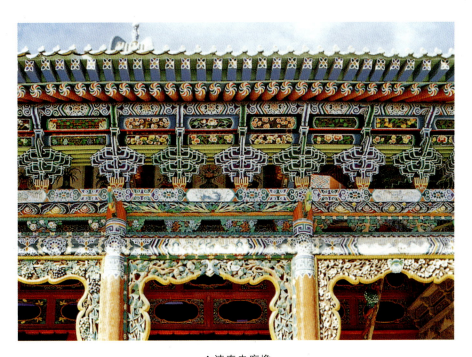

◆清真寺廊檐

（2）吐鲁番地区

吐鲁番盆地是中国最低的盆地,该地区的艾丁湖低于海平面154米,仅次于死海;吐鲁番盆地也是中国最炎热的地方,俗称"火洲"。火焰山横亘其中,地形地貌十分独特。闻名遐迩的吐鲁番,曾经是古丝路北道上的重镇。吐鲁番、鄯善、托克逊城乡有近千座清真寺、麻扎等宗教建筑,这些伊斯兰教建筑不仅是宗教活动的中心,也是吐鲁番伊斯兰教建筑装饰艺术的一大景观。吐鲁番的额敏塔又称苏公塔,是国家级重点文物保护单位,是乾隆年间,朝廷下拨7000两白银,专为维护祖国统一的镇国公额敏和卓和辅国公苏来曼而修建的。它是新疆现存最大的古塔,堪称伊斯兰教建筑装饰艺术的典范,是维吾尔民间艺人匠心独具的杰作,巨塔之下毗连着一座气势雄伟的清真寺。此外,吐鲁番卡孜汗清真大寺,在建筑的造型上也别具一格,6个高耸的木纳尔极具特点,大门上方镶嵌的图案精美细腻,具有浓郁的维吾尔族风格。

◆卡孜汗清真寺门楼

◆清真寺外观

◆清真寺外观

◆仰观清真寺门楼

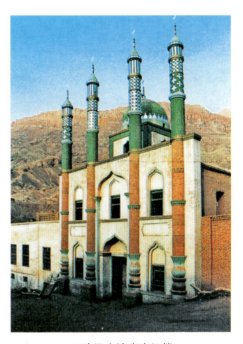

◆吐峪沟清真寺门楼

105

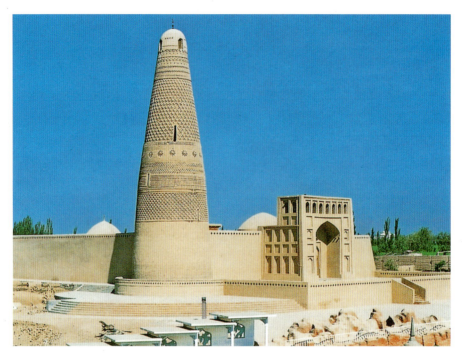

◆ 额敏塔与清真寺外观

◆ 清真寺内部通道

◆ 清真寺内部通道

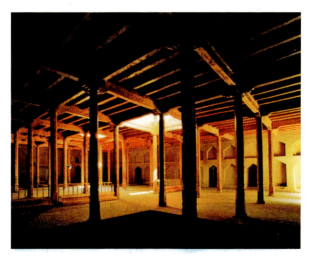

◆清真寺大殿

◆清真寺内部壁龛

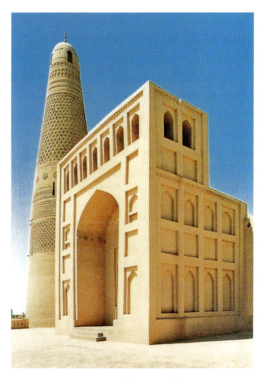

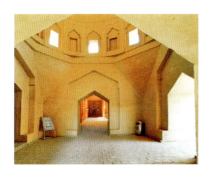

◆清真寺大殿内部通道　　　　　◆额敏塔清真寺门楼

●麻扎建筑

　　麻扎(mazar)，为阿拉伯语的译音，原意为探望之地，伊斯兰教产生后专指"圣徒之墓"。新疆穆斯林的墓地通常称为"麻扎"。麻扎现意为"圣地""圣徒墓"，亦指伊斯兰教的信徒中显贵、著名学者和高贵女士等的陵墓。穆斯林非常重视对麻扎的保护，死者坟头上要垒成长方形的平台，坟墓造型多种多样，重要人物还要建造高大的穹隆顶"拱拜孜"(墓室)。早期陵墓多用土坯与木材建造，后来发展到釉面琉璃砖贴面。较为华贵的麻扎，外贴各色釉面琉璃砖，中间的穹隆顶装饰着绿色的釉面琉璃瓦。新疆的麻扎外观雄伟，装饰简洁，墓室内装饰朴素大方。

◆莎车阿勒屯麻扎中的白依斯·哈克木伯克麻扎

◆吐峪沟麻扎

◆ 南山哈萨克族麻扎

◆ 马赫穆德·喀什噶里麻扎后山

◆ 清真寺大殿木柱

◆ 清真寺外殿藻井

◆清真寺拱拜孜外观

◆清真寺外殿顶部

◆清真寺带有肋骨拱的内围廊

外，可分为东西两大部分：西部陵祠穹顶采用大跨度砖拱，穹顶正中有一小塔楼，从地面至塔顶高11米。在肃静的墓室墙壁上镌刻着诗人不朽的箴言，墓前柜子里摆放着《福乐智慧》的现代维吾尔文和汉文全译本。在穹顶之下墓室正中央的高台上，便是玉素甫·哈斯·哈吉甫这位历史文化名人的墓冢。现为自治区级重点文物保护单位。

◆玉素甫·哈斯·哈吉甫雕塑

◆麻扎庭院内景

◆麻扎围廊顶部装饰

◆麻扎围廊内景

◆麻扎顶部外观

3.马赫穆德·喀什噶里麻扎

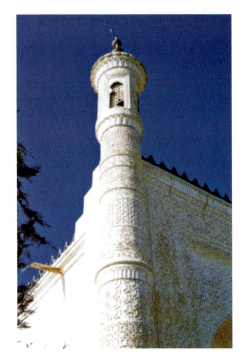

马赫穆德·喀什噶里是 11 世纪维吾尔族著名语言学家，与玉素甫·哈斯·哈吉甫是同学，他的著作《突厥语大词典》，在中亚地区影响很大，堪称突厥民族的百科全书。他的麻扎在喀什市 45 公里处的疏附县乌帕尔乡，原麻扎建在一个荒山上。改革开放后，由政府拨款重建陵墓，塑造雕像，致力绿化，如今的陵墓气势雄伟，葱翠的林木与白色陵墓相衬，十分醒目。厅内横梁雕刻着二方连续的金色图案；顶部与立面墙的转折处装饰着传统的石膏浮雕纹样；室内建造多处凹龛，凹龛周围装饰着两层带状石膏浮雕纹样。窗棂花格紧密，装饰纹样各具特色，并涂以传统的绿色，墓室的门装饰着木雕纹样。外墙、房檐上立有琉璃花砖，角柱装饰着繁密的石膏纹样。现为自治区重点文物保护单位。

◆马赫穆德·喀什噶里麻扎门楼宣礼塔

◆马赫穆德·喀什噶里麻扎外景

118

◆麻扎立柱装饰

◆马赫穆德·喀什噶里麻扎清真寺

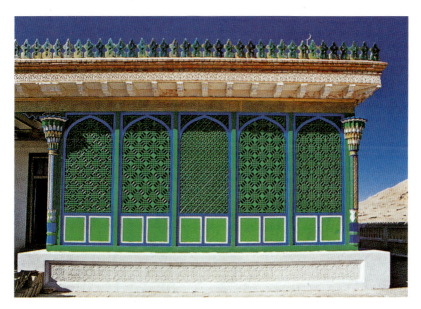

◆马赫穆德·喀什噶里麻扎中的窗格

119

4.莎车县阿勒屯麻扎

莎车县阿勒屯麻扎——莎车王陵，位于莎车县城内新城与老城之间，始建于明代（1533年）。原为叶尔羌汗国第一任汗王苏里唐·赛义德汗的陵园，院内有独立建造的七个穆罕默德陵寝。后来又陆续入葬了叶尔羌汗国数十位君王，其中影响最大的是十二木卡姆套曲的整理、合成者，音乐大师阿曼·尼莎汗王妃。为她修建的麻扎，方体圆顶白墙，在红地毯及鲜花和松柏的映衬下，显得高贵典雅。两层挑檐向外伸展，第一层的挑檐是由高大的廊柱支撑，廊柱上雕刻图案，柱裙为方形，柱头为多棱、多层型，柱体为八面型。立柱与墓室间的回廊顶部装饰着角隅纹样和单独纹样。墓室的外壁墙面装饰着浮雕花卉纹样和几何纹样，四面门窗用镂雕和贴雕方式，装饰着各种传统几何纹样和花卉纹样。

整个陵园的建筑面积5000多平方米。陵园墙面和"必修克"（坟墓）外壁贴饰以浮雕花砖，装饰素雅、华丽，同时又显示出建筑艺术的特性。莎车县阿勒屯麻扎体现了典型的地域性建筑风格。

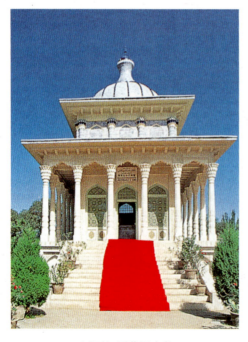

◆阿曼·尼莎汗麻扎

◆阿曼·尼莎汗麻扎门饰

◆麻扎墙面装饰

◆莎车白依斯·哈克木伯克麻扎

◆阿勒屯麻扎莎车王室成员墓

◆莎车县霍加穆罕默德·谢里甫麻扎

◆阿勒屯麻扎莎车王室成员墓

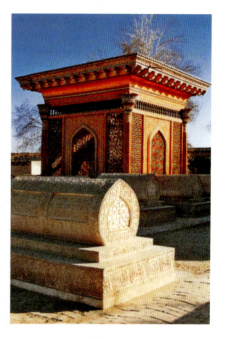

◆陵墓局部装饰

◆阿勒屯麻扎莎车王陵墓

◆莎车县阿克麻扎

◆秃虎鲁克·帖木尔汗麻扎

5.秃虎鲁克·帖木尔汗麻扎

　　秃虎鲁克·帖木尔汗麻扎坐落于伊犁地区霍城县,是成吉思汗第7世孙的陵墓,也是新疆唯一的一座元代伊斯兰古建筑,属国家级文物保护单位。

　　秃虎鲁克·帖木尔汗麻扎布局为长方形,砖结构、穹隆顶,门朝东开,建筑面积150平方米,东西长14.7米,南北宽8.8米,高13.35米,殿内无木柱横梁,四壁空阔,可由阶梯登临顶部。陵墓坐西朝东,大门中央设米合拉甫,正面墙壁四周以伊斯兰经文为主题,用紫、蓝、白色等几十种马赛克面砖镶砌成各种几何形图案,门额上用蓝色釉面砖,镶嵌有阿拉伯经文。与此墓并列的还有一座穹隆式陵墓,据称是秃虎鲁克·帖木尔汗之妹的陵寝。

　　秃虎鲁克·帖木尔汗麻扎从建筑造型来看是我国伊斯兰教陵墓建筑中的佼佼者。在政治、经济、建筑装饰艺术、建筑材料及工程技术等方面,都是研究我国早期伊斯兰教建筑的珍贵遗产,在我国建筑装饰史上具有重要地位。

◆麻扎门龛纵深面局部装饰

◆麻扎外墙局部装饰

◆麻扎外墙面局部装饰

6.哈密回王陵

哈密回王陵是中国清代新疆哈密历代回王及其家族的陵园,被维吾尔族称为"阿勒屯勒克"(即黄金之地),俗称"回王坟"。哈密回王陵位于哈密市城郊西南的丛林中,由六座陵室和一座大清真寺以及一些平房组成,占地20亩。整个墓群兴建延续了两个世纪。

陵墓内埋葬着七世回王伯锡尔及大小福晋,第八世回王默哈迈特及其王妃和王族成员、台吉(大臣)共40人。最高大的建筑物是七世回王伯锡尔的陵墓。陵墓为伊斯兰式建筑,下方上圆,全部为砖结构,陵室为凹字形布局,高17.8米,东西长20米,南北宽15米,下部为长方形,陵室方形墙体上支撑着巨大的穹隆顶,穹隆顶内径为9米,拱壁下部厚90厘米,拱顶高13.8米,拱顶上建一小亭,亭顶铁杆上挑一弯新月,四角建有半嵌入

◆麻扎墙面、顶部为传统的云头如意纹与回形双关纹组合而成的团花作图案装饰

◆哈密回王陵麻扎全景

◆哈密回王陵内部装饰

墙中的邦克楼，楼设一小亭，墓后右侧邦克楼中间是空心的，内有螺旋式36级台阶盘旋而上，可达墓顶平台。拱门坐东向西，外墙的蓝花祥云白底琉璃砖和绿花祥云琉璃砖构成典雅的墙面，内部墙面为白色，装饰着彩色花卉和几何图案，稀疏的蓝色祥云团花点缀其间，色调简洁素雅。穹隆顶则覆以苍绿琉璃砖。七世回王伯锡尔的陵墓高大雄伟，色泽素雅，是新疆规模最大、建筑最富丽的陵墓之一。

◆盖斯麻扎外观

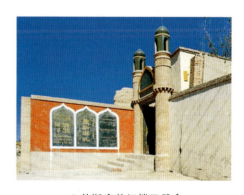

◆盖斯麻扎门楼及壁龛

7.吐峪沟麻扎

吐峪沟麻扎——"七圣贤墓",位于鄯善县境内的吐峪沟乡、火焰山南峡谷、佛教圣地千佛洞的斜对面,是中国最大的伊斯兰教圣地,被誉为"小麦加"。该麻扎由一个半圆形的围墙把主要的建筑围在中间,麻扎的造型是下部方形,上部圆形,圆形的"拱拜"装饰着绿色。为了求得圣人的福祉,不少穆斯林死后都葬于此,形成了麻扎周围的大片墓地。吐峪沟曾是佛教的圣地,在佛教圣地出现伊斯兰教圣墓及祭祀地,吐峪沟是一个典型代表。

◆建在火焰山下的麻扎

◆麻扎前门楼

◆麻扎一部分

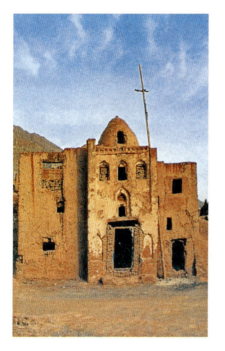

◆ 麻扎局部

◆ 麻扎之一

◆ 麻扎全景

寺窟圆柱形卒坡演变为方形中心塔柱,塔柱上设龛塑像,塔柱作承重结构,这种建造形制已传到中原。以塔为寺的建筑形制演变为以殿为寺的建筑样式。这种建筑形制与龟兹中心塔柱石窟的开凿有着密切的关系。这一石窟建造形制是由特殊地理环境、气候特点所造成的,是新疆古佛寺的重要特征。

西藏佛教(喇嘛教)进入新疆后,形成佛教寺院的另一系统——藏式喇嘛寺。新疆巴伦台黄庙、昭苏圣佑庙、和布克赛尔(和丰)喇嘛寺都具典型特征。

清末和民国时期,由于内地人员大量进疆,佛教建筑形制也随之在新疆各地兴建。

◆交河故城佛塔

◆交河故城佛塔

◆拜城克孜尔石窟

◆库车阿艾石窟外景

◆库车苏巴什占城佛塔

◆水磨沟庙大雄宝殿

◆巴伦台黄庙

◆哈密巴里坤古城堡佛址

◆哈密巴里坤天山庙大门

第三章 建筑装饰

　　新疆的建筑装饰艺术是在西域这一特殊的地域环境下形成的,是在中原汉民族文化、欧洲文化、印度佛教文化、波斯及阿拉伯等伊斯兰教文化的碰撞和交融的多元文化氛围中成长起来的。新疆的各族居民在他们生息繁衍的历史长河中,曾经信仰过多种宗教。这些宗教的历史积淀、宗教仪规和建筑装饰艺术对新疆建筑装饰艺术产生了深远的影响。但新疆建筑装

饰原有的文化与外来的文化相互交融,并没有使原有文化完全消失,它始终保持了新疆建筑装饰自身文化的多元性,在千百年的历史长河中,新疆建筑找到了自己独有装饰艺术的文化价值,创造了辉煌的建筑装饰艺术的造型手法和种类繁多的装饰纹样表现技法。因此,我们必须用比较美学的观点,对新疆建筑装饰艺术的各种形象进行分析,方能找到它们的渊源和母题,以供我们从事研究。

◆浮雕立柱局部装饰

◆透雕和圆雕的玛达亨力

◆浮雕立柱装饰

◆浮雕立柱装饰

◆透雕装饰的回廊上部和圆雕的玛达亨力

●木雕

　　新疆的木雕用于建筑装饰甚早，尼雅遗址中出土的建筑梁柱上和木凳腿上已有雕刻人物、动物、花卉纹。新疆木雕装饰处理方式有：浅浮雕、透雕、贴雕等几种方式。

　　浅浮雕装饰：是在木料上雕刻较浅的装饰纹样而不影响被雕物的坚固性，如圈梁、横檩、木柱、木门等。这种浮雕装饰，以线刻和浅浮雕满布为特点，雕花的内容为花卉、芽蕾、果实、枝叶、藤蔓、几何图形等，有时将几何纹样与植物纹样相结合，而圈梁上主要以几何纹样为主。浅浮雕具有纹饰语言的鲜明特性，形态自然、流畅，装饰性强。

　　透雕：是将木板上图案以外的部分去掉，形成透空状，以镂空烘托图案。花纹断面的表面可呈平面，可呈起伏，并且雕出藤蔓之间相互穿插的前后关系，效果空透玲珑、秀丽典雅。用于莎车阿勒屯麻扎的木雕镂窗上部是一个正圆形凸起的边框构成的装饰造型，中部是由米字形骨架组成的镂空经文，边框与透雕之间形成很宽的一组圆形花带。这一透雕装饰物有曲线和直线的对比变化，有透雕和浮雕的装饰雕刻对比，木雕中部的平面和圆形边框起伏较大的高低变化对比，形式活泼而独特。

　　贴雕有两种：一种是将图案透雕后贴于平板上，形成浅浮雕状；另一种是将雕凿成的多种形体拼贴成立体或凹凸的装饰。伊宁花寺采用第二种贴雕方法装饰。中间大两边小的三个贴雕装饰透气窗表现技巧完全一样，制作方法是双层贴雕。第一层颜色稍深，是与透雕结合的底层贴雕；第二层颜色为正黄色贴雕，两层装饰纹样不同，经过底层透雕的烘托，使上面一层的贴雕纹样更加突出，形成微微起伏、多种变化的装饰效果。该装饰是由贴雕、浅浮雕、透雕共同组成的，以贴雕为主的装饰方式。

◆ 浮雕的柱身与柱裙

◆伊宁花寺木雕镂窗

◆阿勒屯麻扎中的陵墓木雕镂窗

浅浮雕、透雕、圆雕、贴雕的木雕处理手法可形成花带、组花等表现形式。右侧的各种木雕门装饰的图像中就有花带和组花的装饰样式。花带以中断、互换、交错等手法取得横长或竖长的条状装饰构图变化，组花形成整体的装饰效果。木雕装饰多用材料本色或略加水色敷以清漆，漆彩的较少，偶尔也用彩色油漆装饰。木雕装饰用于清真寺、麻扎的顶饰、门、门楼、门楣、门窗框、廊柱、顶棚、屋檐、藻井、梁首等建筑部件，木雕使用的纹样多是二方连续、四方连续、适合纹样的植物、花卉、几何图案。植物纹自由灵活，几何纹严谨对称，题材以花卉、芽蕾、果实、枝叶、藤蔓为主，花卉纹样有杏、桃、葡萄、桑、石榴、巴旦姆、西番莲、牡丹、荷花等并经过变化。刀法的表现方式有阴刻线、浅浮雕、综合刀法等。圆雕主要用于垂吊的玛达亨力。

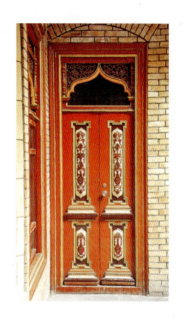

木雕装饰的艺术风格随装饰部位和装饰标准而定，和其他装饰手段相配合的繁简程度，则由经济条件而定。木雕常和石膏雕花、平绘等相配合，以综合装饰手法极大地丰富了宗教建筑装饰艺术的表现力。走进清真寺，最引人注目的就是这些雕刻装饰。

新疆建筑木雕装饰，应用广泛、装饰性强，构图、部位、刀法都有鲜明的民族特点，具有很强的表现性，它很容易使建筑装饰的视觉效果凸显出来。

各种浮雕、贴雕与透雕的门饰

各种浮雕、贴雕与透雕的门饰

●平绘

新疆建筑装饰艺术的色彩表现，因其装饰图形变化是在纹样繁密、图案种类繁多的基础上进行的，因此，在装饰色彩的使用上，表现出极大的丰富性；由于装饰主体的差异性和表现方法的多样性，又决定了新疆建筑装饰色彩表现的复杂性；同时，新疆的居民是一个多民族构成的群体，因历史的变迁、文化的积淀、宗教的演变等诸方面的因素，装饰色彩呈现出多种文化的沉淀与融合的特征。

新疆建筑装饰艺术在色彩的表现上，无论是日常生活中喜闻乐见的植物纹样，还是变幻多端的几何纹饰，均注重直觉，注重色彩在心灵感知上的内在形式和心理作用的表达，注重色彩表现上的象征意义，注重具体位置、面积、环境的要求，以及使用功能、目的等因素。"融情换色"，追求色彩的平面装饰性，是新疆建筑装饰色彩的主要表现形式。

归纳起来，新疆建筑装饰色彩的表现方法大致有如下几类：平涂彩绘法、叠色法、晕色法、肌理法、描金法、自由装饰法等，一般统称为平绘。这些装饰色彩的表现方法并不是以单一的、孤立的形式出现，也不是简单的重复搭配，而是交叉着、变换着各种装饰技法。了解、学习这些方法，有助于我们研究新疆建筑装饰艺术源远流长、博大精深、"五彩遍装"、平面感很

◆莎车清真寺藻井图案

◆叶城清真寺大门彩绘

◆清真寺大厅立柱彩绘

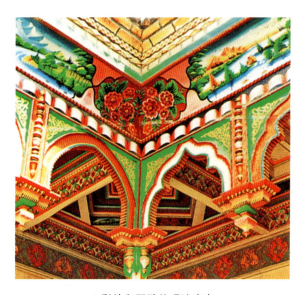

◆彩绘和圆雕的玛达亨力

强的建筑装饰色彩的表现方法,以供我们在现代建筑装饰色彩的表现中借鉴。

平绘图案纹样多为西亚、中亚传来的藤蔓纹和繁琐的花卉纹,并融入了信仰佛教时期的莲花纹、对叶纹,中原传来的牡丹、梅、兰、菊花纹等。在吐鲁番阿斯塔纳麻扎陵墓中有极少见的西瓜纹,这绝对是当地艺人根据生活的独创。尤为突出的是将中原传来的苏州彩绘中的"盒子"变化装饰:一是简化其叠晕和退晕,二是将"盒子"中的人物、动物、国画山水去掉,绘以装饰花卉、装饰图案和油漆风景画,更为奇特的是,在古民居中还绘有清代官服中的彩云纹、西洋挂钟、中原博古纹和细密画风的城郭图形。可谓中西合璧的多元文化形态表现。

◆回廊藻井钱币图案

◆藻井木格适合图案

146

◆藻井及圈梁图案

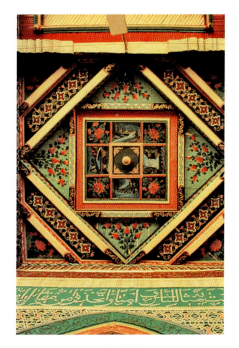

◆灯笼式藻井图案

◆藻井图案装饰

◆清真寺顶部藻井

◆清真寺顶部彩绘局部

◆ 藻井中盒子里的彩绘

◆ 顶部彩绘

◆ 柱头彩绘

◆ 藻井彩绘

●琉璃釉面花砖装饰

　　琉璃釉面花砖装饰是一种古老的、流传很久的装饰方式。这种工艺实际上应称为"波斯琉璃"。

　　釉面装饰包括釉面花砖贴面、釉面透空花砖、彩色马赛克贴面。釉面花砖中最常见的是卷草纹，以植物藤蔓、芽蕾、花果、叶等装饰纹样组成，然后烧制。釉面装饰型砖、釉面透空塔吉是特殊形态的釉面花饰砖，色有绿、蓝，釉面花砖分白底色花或色底白花砖，色彩通常一两种或两三种，多为蓝、白、绿，题材为植物花卉、藤蔓卷草、几何图案和经文装饰。尺寸有大有小，形状有方形、梯形和多边形等。阿勒屯麻扎的画面是釉面装饰型砖的一种样式——陵墓装饰。该图案装饰花砖有四种纹样，其中下部的装饰贴面砖是对称式向心单独纹样，中间部分是两排条状的二方连续纹样，每块砖的长度比下部的方砖略长些，纹样为点状横排骨架，

◆陵墓墙面与顶部装饰

◆陵墓角柱与角楼装饰

◆阿勒屯麻扎陵墓之一

◆陵墓房檐装饰

如果说前两种釉面是面砖装饰形式，最上部的陵墓装饰当属釉面装饰型砖的两种装饰方式。组成陵墓装饰外轮廓的是弧形条状循环、回旋形式的二方连续纹样。实际上这种回旋式也可以构成四方连续。中间由九块大小不同，左右基本对称的釉面装饰型砖组成一个完整的适合纹样画面，花草弯曲回旋充满生机，整个墓基座和陵墓均为蓝底白花的色彩装饰，豪华、典雅、美观。

◆玉素甫·哈斯·哈吉甫陵墓大门装饰

釉面砖分单色、单色压花、多色绘花、多色压花、自由形三彩琉璃釉等几种，釉色有绿、墨绿、蓝、紫、白、黄、土红等。釉面砖是24厘米见方或12厘米×24厘米两种，它是一种低温黏土胎琉璃釉面方砖，题材是植物花卉、藤蔓卷草，每块砖上的纹样各不相同，是用各种软花纹和几何图形花纹按十字、米字、田字、方、菱、圆、水涡纹、曲线等构图方式组成。釉面砖的连续排列，可以构成各种二方连续、四方连续图案。装饰手法有单色面砖满墙装饰，花色面砖满墙装饰，单色和花色面砖拼合组花，构成经文饰面或单色花带等装饰方式。从麻扎圣龛局部装饰可以清晰地看到纹样的起伏变化，是典型的浮雕面砖装饰样式——即单色压花装饰形式，该装饰型面砖是四方连续的一个单元，但并没有组成连续的纹样墙面，而是根据墙面的具体情况采用压缝的贴面方式，绿色釉面方砖和蓝色弧形条砖相结合组成起伏釉面墙饰。

蓝色琉璃面砖在每一个装饰单元里，没有完全相同的纹样形式，每一个方砖都是一个单独纹样，用条形的二方连续纹样隔开，形成变化多端的、较为灵活的装饰墙面。这种麻扎墓祠外部的装饰形式是新疆麻扎外墙装饰使用最多的方式。还有用各种单色面砖(古马赛克型)拼嵌图案，满壁装饰，也有重点部位用釉面装饰或釉面砖与雕花砖、石膏雕花、木雕花混合装饰等，给人以富丽、庄重、神圣之感。

琉璃釉面装饰型砖、琉璃釉面镂空花砖、琉璃单色釉面砖，主要用于麻扎、清真寺建筑的

◆ 玉素甫·哈斯·哈吉甫陵墓立柱的
弧形砖装饰

◆ 阿曼·尼莎汗陵墓顶部装饰

◆ 麻扎圣龛局部装饰

153

◆ 麻扎墙面装饰

檐部，大面积用于寺院、墓室建筑的外墙、寺院
外部顶饰、墓体、墓基座等处。屋顶使用釉面
砖，在内地的伊斯兰教建筑上不多见。

新中国成立前，新疆还不能烧制复杂的琉
璃花砖，我们见到的阿帕·霍加陵墓与阿勒屯
麻扎中的叶尔羌王陵等，这些陵墓上所贴的琉
璃花砖，都是舶来品。从纹样上我们可以看出，
本来是可以拼成四方连续的花砖，由于新疆艺
人喜爱变化，即拆开拼贴，就造成如今的这种
效果。而马赫穆德·喀什噶里陵墓、玉素甫·哈
斯·阿吉甫陵墓、阿曼·尼沙汗陵墓所贴的釉面
砖，才是我国自己烧制的。

◆ 麻扎墙面装饰

◆ 麻扎墙壁装饰

◆ 阿帕·霍加麻扎左墙的琉璃塔吉和宣礼塔

◆ 麻扎墙壁装饰　　　　　　　　　◆ 麻扎门楣装饰

●石膏花装饰

　　新疆盛产石膏,许多建筑都大量使用石膏装饰,以形成富有特色的石膏雕花装饰。

　　石膏雕刻的制作方式分为直接雕和模具翻制两种,后一种可连续拼接。雕刻石膏花饰之前,传统做法是用桑皮纸做粉本反复拓绘,这种粉本可以传于后人。但为防止粉本的丢失,通常都是口传心授,把程式化的画稿记在心中,不留粉本。用这种纹样制作成石膏模型,翻制办法与现代室内装饰中石膏制作的方式基本一样。石膏雕花使用的颜色比较单一,大都用石膏本色,或用天蓝色、粉红色、粉绿色作底,白花作面,或满涂金色。种类有石膏组花,石膏花带,透空石膏花等。

　　石膏组花:用于内外墙壁,有拱券形、圆形、多边形、多角形等。凹进的龛形称为"米合拉甫",平面的龛形称为"纳姆尼亚"。这两类石膏组花是在尖拱形外加四周花带边框,边框多是几何图案、二方连续或各种线饰组合。纳姆尼亚则以明确的中轴线作对称性纹样,或以经文为主题,或以花卉、藤蔓、卷草变化、重叠交错的对称图案充满拱券内部。花卉纹样有大丽菊、麦穗、巴旦姆、石榴等。这种由主题花饰、经文图案和纹样边框构成的装饰造型,就是一幅完整的装饰画。多数拱券形的墙面装饰都采用该形式。另一种组花有圆形、多边形、多角形等,或作吊灯底盘,或作角花装饰等。其结构要求纹样疏密均匀、组合合理,装饰部位得体,纹样线条自然流畅。

　　石膏花带:用各种几何图案、植物花卉或两者并用构成,用并列、重复、穿插、交错等装饰手法组合成二方连续的装饰纹样,结构主要表现藤蔓缠绕、交叉,合理而有秩序。通常以花卉为题材,有巴旦姆、石榴、波斯菊、大丽菊、麦穗、柳枝等。几何纹样有圆、方、三角、六角、八角、菱形、古钱、回纹、冰裂纹、斜线等。也有用无数个米合拉甫单排构成的二方连续。石膏花带装饰构图疏密有序,花卉纹样的组织生动活泼富有变化,藤蔓、卷草在流动中蜿蜒起伏、刚劲而舒展。但这些卷草纹与佛教图案中的卷草纹和巴洛克式的卷草纹都不同,它具有平面性,但又有前后重叠与穿插,繁琐、有序、枝条排列均匀。无

◆纳姆尼亚石膏花饰

纳姆尼亚与米合拉甫的石膏花装饰

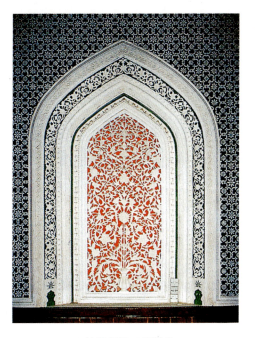

◆纳姆尼亚石膏装饰

◆米合拉甫石膏装饰

◆米合拉甫石膏装饰

◆纳姆尼亚石膏装饰

米合拉甫部位的镂空石膏花装饰

◆门户式龛形石膏花装饰

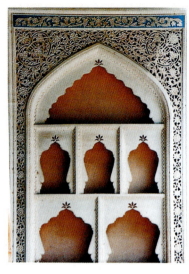

◆龛形石膏花装饰

◆龛形石膏花装饰

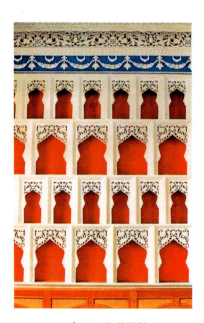

◆龛形石膏花装饰

　　新疆民居与宗教建筑用的石膏雕花装饰,无论是几何图形、经文图案或是花卉草藤,都是以加工、提炼后的图案形态表现的。几何图形装饰也不是简单的几何形态的直接反映,而是各种装饰方式重叠交错在一起。总之新疆建筑艺术的石膏花饰,选材特殊,装饰部位得体,纹样繁密,用色对比强烈,装饰形式和表现技法具有浓郁的民族风格。而雕刻刀法细腻流畅,更增添了装饰纹样的艺术感染力。在我国众多建筑装饰手法中,有着重要地位。在气候炎热的夏季,当人们走进清真寺时,立即会有淡雅、凉爽、宁静、舒适之感。

　　这种装饰,实际上是随着伊斯兰教的传入而逐渐形成的,它吸收了西亚、中亚的伊斯兰教艺术,并在喀喇汗王朝时期得到发展,但与西亚、中亚各伊斯兰国家又有不同之处. 既融入了佛教文化中的莲花、宝相花和卷草纹,同时又吸收了中原地区装饰纹样的牡丹、梅花、菊花、云头如意纹、万字纹、剪纸图案等,从而形成独特的多元化装饰风格。

◆门户式龛形石膏花装饰

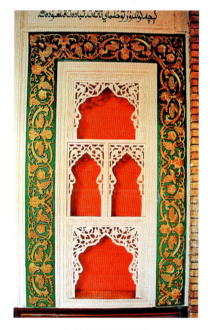

◆龛形石膏花装饰

161

●拼砖花装饰

在建筑物垒砌之前,往往事先规划好对砖的排列组合样式,但这种样式并没有设计图,而是艺人们早已成竹在胸,按照这种"胸中之竹"即可砌成各种不同类型的砖饰图案,这种砖饰艺术称为拼砖花装饰。新疆的拼砖花装饰大约有四种做法。其一,直接用砖通过各种排列组合,形成高低起伏的各种砖花装饰,如吐鲁番的额敏塔和各种宣礼塔均采用这种方式;其二,先将花纹制成模子,然后翻制成各种装饰纹样的砖,然后烧制。根据建筑各部分的需要,组成二方连续、四方连续拼接排列,有些翻制的大方砖图案本身就是一组单独纹样和适合纹样,既可单用,也可连续排列,如阿帕·霍加小清真寺外墙基和喀什工人文化宫的外墙基均用这种方式;其三,直接在砖上雕刻各类装饰纹样,如有些清真寺拼砖花中心作局部团花装饰。其四,也是大部分拼砖花所采用的方法,即将烧制好的细泥砖,按所需拼砖花的形状经过锯、磨后成梯形、方形、菱形、圆形、鳞形等再拼成不同形状的拼砖花,用水泥加墨勾缝,图案清晰可辨。

新疆建筑砖饰造型有拼砖花饰,印、刻花砖饰,异型砖饰,砖雕、透雕花砖等样式。拼砖花饰是用普通砖、异型砖或印花砖组成图案拼砌于墙面上的装饰。异型砖是拼砌砖花的主要构

◆清真寺入口墙面装饰

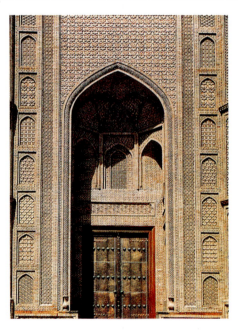

◆清真寺大门墙面装饰

◆ 额敏塔拼砖花饰（局部）

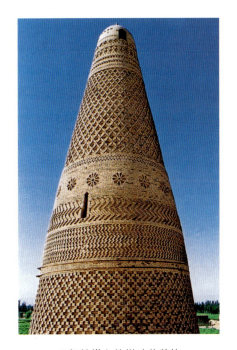

◆ 额敏塔上的拼砖花装饰

◆ 居民庭院内的拼砖花装饰

163

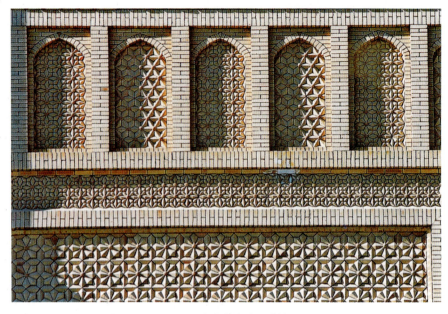

◆阿图什清真寺墙面装饰

件，米合拉甫龛形主要用异型砖拼接和垒砌，异型砖(经过锯、磨的)样式有方形、长方形、三角形、梯形、平行四边形、菱形、半圆形等，多达数十种。异型砖的制作方式分定型烧制和现场凿、磨成型两种。印、刻花砖饰是在砖的表面印、刻有浅浮雕植物花纹或几何图案，多数用来组合装饰纹样。采用印花形砖的独立图案、花带、边框线脚和彩画、石膏花、釉面砖等综合方式进行配套装饰，是构成新疆建筑装饰艺术风格的重要手段。雕花砖、透空雕花砖是用泥塑好造型后烧制成的装饰砖。透雕砖"塔吉"花饰用作门头或屋墙顶端，既装饰了建筑，又减轻风的阻力。砖雕装饰的部位常用于清真寺宣礼塔身、建筑物墙面的花带、线脚、礼拜殿台基座、屋檐口、

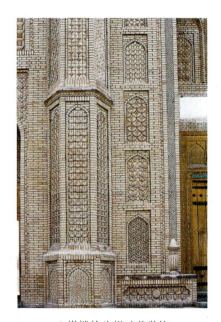

◆塔楼柱头拼砖花装饰

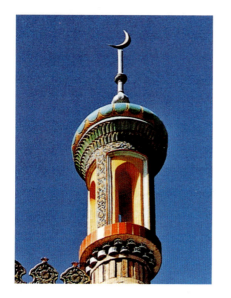

◆塔楼上的拼砖花装饰

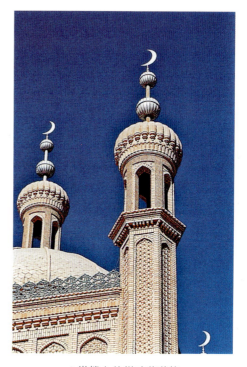

◆塔楼上的拼砖花装饰

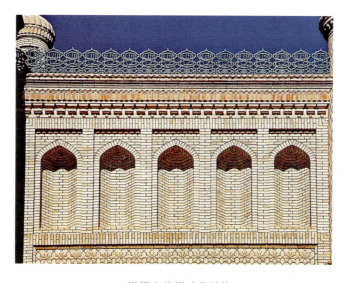

◆塔楼上的拼砖花装饰

寺院外部顶饰、门首、外墙以及墓、墓基等处。

　　新疆建筑的外墙多直接使用黄褐色砖来装饰。邦克楼砖雕装饰用砖砌成十几种纹饰，远远望去凸凹起伏，细部纹饰精美，整体感觉雄伟壮观。模具印花砖的纹样多为带状花边式软花纹，拼砖花的纹样有几何花卉纹、方格纹、六边形纹、锁子甲纹、鳞纹、十字纹、带纹、立体方纹、长方蜂窝纹等。新疆民间工匠用普通砖或装饰型砖，相互穿插、交错、重叠、组合成各种平面和立体的几何图案和花饰，在强烈的光影衬托下极富立体感和装饰性。

　　这种拼花砖饰和花带装饰效果是中国建筑装饰艺术的典范，在各民族建筑艺术中独树一帜，这种独特的建筑装饰在我国其他地区是绝对见不到的，它与中亚、西亚的形式也不同，这就是新疆建筑装饰的独特之处。

◆异形拼砖花装饰

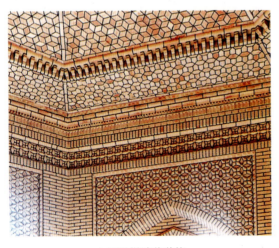

◆异形拼砖花装饰

◆异形拼砖花装饰

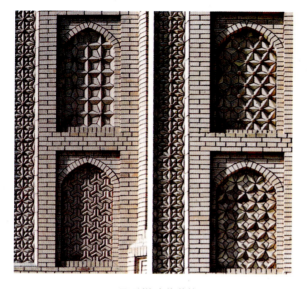

◆ 异形拼砖花装饰

◆ 异形拼砖花装饰

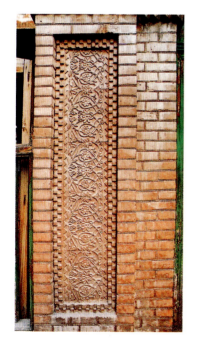

◆ 模具制作的花砖

◆ 模具制作的花砖

新疆建筑装饰艺术的单独纹样由于表现方法和结构形式的不同，又可分为自由纹样和适合纹样两种形式。自由纹样在建筑装饰设计中被运用在墙壁、藻井、门楣、柱饰等建筑部件中。因为新疆建筑的局部装饰基本上是对称的，所以自由纹样在建筑装饰中使用不多。

2.适合纹样

是指一种纹样适当的组织在某一特定的形状内，如组织在三角形、多角形、圆形、方形、菱形等范围之内，使之适合于某种装饰的要求。新疆建筑装饰艺术的适合纹样由于受特定的形状、形式要求所限制，常运用在建筑装饰的顶部、墙壁等处。伊斯兰教建筑装饰有一种典型的适合纹样样式称"纳姆尼亚"，另外还有三角形、菱形、正方形等多种形式。这些适合纹样通常装饰在大面积的墙壁、顶部和一些特殊的地方。其纹样风格可根据不同的建筑物，装饰在不同的位置上形成不同的特色。

◆龛形适合彩绘纹样

◆住宅墙面单独适合纹样

◆ 麻扎墙面单独适合纹样

◆ 住宅墙面自由式单独纹样

◆ 单独适合纹样

◆阿帕·霍加麻扎门前装饰

◆阿图什大清真寺寺内壁龛

　　这些纹样,一部分是随伊斯兰教的传入而从西亚、中亚传入新疆。如重叠交错的几何纹样、植物藤蔓的穿插和繁琐碎花的满铺纹样等;一部分是当地艺人们从曾经信仰过的佛教图案纹样中继承下来的,如莲花和克孜尔壁画中的对叶纹等;还有一部分是从中原传入的汉族建筑装饰纹样。如牡丹、梅花、菊花、兰草、竹子等;"盒子"的形式也是吸收汉族的装饰纹样用于圈梁部位作装饰,只是将其中的山水、人物、动物改为风景、花卉。在吐尔地·阿吉庄园中,还将清朝官服上的彩云纹、西洋挂钟、中原博古花瓶、琴棋书画、波斯的细密画中的城堡建筑,连同中原宫廷彩绘绘于一壁作装饰,真可谓多元文化的融合。

◆阿图什大清真寺寺内壁龛

◆清真寺墙壁装饰

◆二方连续花带装饰

3.连续纹样

二方连续纹样：是指装饰纹样的一种组织方式，可以使一个纹样单位向左右或上下连续成一条横长或竖长的花带形式，是一个装饰单元的多次元延伸，这是连续式纹样中最常见的一种形式，结构方式具有连续性和方向性，所以又称带状图案或花边。新疆建筑采用二方连续纹样的基本骨架有散点式、直立式、斜线式、回旋式、折线式等多种结构样式。但在大多数粉本使用的二方连续纹样中未能见到波浪式，这是因为艺人只能掌握左右翻拓延伸，难以掌握上下翻拓的

①

②

③

④

◆①~⑤均为装饰在塞热甫部位
的二方连续花带

⑤

175

各种二方连续花带

左右延伸。但在麦盖提的大清真寺与吐尔地·阿吉庄园壁画中,也能见到少量的波浪式,这是由艺人们徒手绘制的。至于纹样排列的方法很多,如均齐排列、平衡排列、混合排列、重叠排列等,多种纹样就在这种变换组合中,产生出戏剧性的装饰效果。双排直立的檐部装饰纹样和两排彩绘各种二方连续花带纹样都是横条状的二方连续,上面两排为重复性结构,下面为交叉型样式。这种多条排列的二方连续多装饰于"塞热甫"部位(圈梁及圈梁以下)。二方连续装饰题材常以花卉图案和几何图形为主,多用于建筑墙边、门框、窗框、塞热甫、米合拉甫及纳姆尼亚等,形成连续不断、绚丽多彩、富丽堂皇的效果。二方连续纹样的广泛运用,为加强建筑装饰的艺术效果起到了锦上添花的作用。如前所述,在这些装饰纹样中,融合了新疆各民族人民的艺术天赋和东西方多元文化。

4.四方连续纹样

是指一个单位纹样,能向上、下、左、右平面地重复并连续扩展的组织方法,是一个装饰单元的三次元的重复扩展。四方连续装饰纹样常用的骨架形式一般采用散点式和连缀式。这些四方连续纹样,取材范围也多种多样,既有几何装饰纹样,又有植物装饰纹样,既有巴旦姆、石榴花、波斯菊、麦穗等植物果实纹样,又有万字纹、回纹、折线纹、龛形纹等较为抽象的装饰纹样。建筑物的墙面、顶部等面积较大的地方经常使用这种装饰纹样,"万"字形连缀和多边形连缀骨架组成的四方连续纹样,形成富丽多彩的、既有补色对比又有问色对比的花的天堂。这种无始无终的装饰纹样在有秩序的统一体中扩张,其纹样形式,无疑是随着伊斯兰教的传入而传入的, 这一点在西亚与中亚许多国家的清真寺中十分普遍。不过在建筑装饰上,新疆的纹样注入了许多我国自己的纹样组合形式,如"万字不到头"与回形双冠纹等。

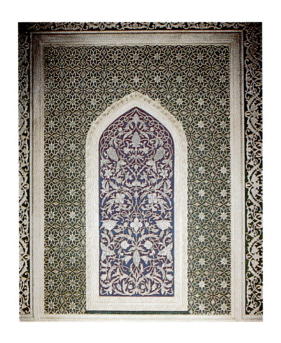 

◆纳姆尼亚外平面四方连续装饰

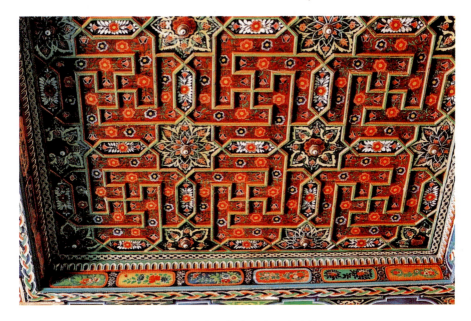

◆ 藻井万字不到头适合四方连续

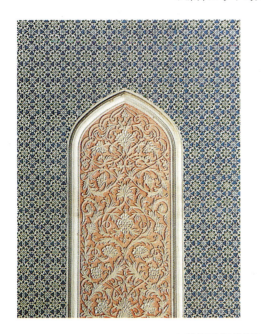

◆ 纳姆尼亚外平面四方连续装饰

●窗棂与镂窗

　　窗棂,又称窗格,就是在窗户上用木料制作成不同图案格式的装饰框架。平面玻璃传入我国后,开始以玻璃代替糊窗纸,防风和采光效果也更好。但镂窗不需要糊纸,不需要镶玻璃,只是用来透空,多用于花墙中开窗,所以窗棂通透,图案变化多端。

　　内地的窗户主要是为了采光,同时又能防风。新疆的窗棂与内地不同,它只是用来透气和采光,并不糊纸,只是在玻璃传来后,居民窗户也有了镶玻璃的习俗,但透气采光的窗户和笼堂的隔断仍不镶玻璃。传统的窗棂通常为木制,主要采用桑木制作。因为桑木木质坚硬,可将窗棂做得很细,且硬而坚固,窗格图案变化十分繁多,大多为直线构成。维吾尔族艺人的习惯是在一个建筑物上开多少窗户,就做多少种窗格,绝不重复,以表现艺人们技艺的高超,如喀什艾提尕尔清真寺院内两排厢房所有的窗格无一相同。在阿帕·霍加墓室二楼所有的窗格也无一重复。但近年来新修的玉素甫·哈斯·哈吉甫墓、阿曼·尼沙汗墓和马赫穆德·喀什噶里的墓,相同和重复的窗格就屡见不鲜了。

◆叶城小清真寺木质窗棂

◆木质窗棂

◆正方形木质窗棂

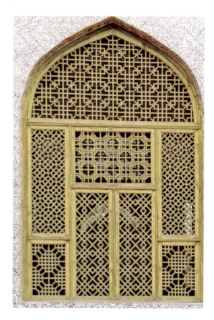

◆玉素甫·哈斯·哈吉甫麻扎木质窗棂之一

近年来工业的发达，出现了钢筋弯制的钢窗和生铝翻制的窗体图案，大大丰富了窗棂艺术，且采用软花纹融入其中。如喀什艾提尕尔清真寺和叶城的加满清真寺，窗格图案更为复杂，使艺人们的技术得以更大的发挥。

镂窗，多用于人可以登临其上的邦克楼顶端的笼塔四面，材质多用三合土，但现在可采用水泥浇灌，纹样多取几何图案，形式粗犷、特色浓厚，是内地难以见到的。

◆玉素甫·哈斯·哈吉甫麻扎木质窗棂之二

◆ 龛形木质窗棂

◆ 叶城清真寺龛形钢筋窗棂

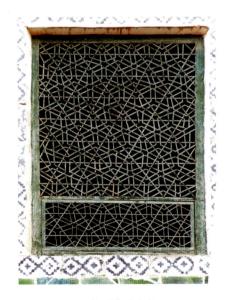

◆ 方形木质窗棂

◆ 龛形木质窗棂

参考文献

[1]续西发.新疆世居族概览[M]北京:民族出版社,2001.

[2]田卫疆,许建英.中国新疆民族民俗知识丛书[M]乌鲁木齐:新疆美术摄影出版
社,1996.

[3]张胜仪.新疆传统建筑艺术[M]乌鲁木齐:新疆科技卫生出版社,1999.